[人文与社会译丛]

刘东 主编 彭刚 副主编

灾异手记

人类、自然和气候变化

Field Notes from
a Catastrophe
Man, Nature, and Climate Change

[美国]伊丽莎白·科尔伯特 / 著

何 恬 / 译

译林出版社

图书在版编目（CIP）数据

灾异手记：人类、自然和气候变化／（美）伊丽莎白·科尔伯特（Elizabeth Kolbert）著；何恬译. —南京：译林出版社，2022.10
（人文与社会译丛／刘东主编）
书名原文：Field Notes from a Catastrophe: Man, Nature, and Climate Change
ISBN 978-7-5447-9343-8

Ⅰ.①灾… Ⅱ.①伊… ②何… Ⅲ.①人类活动影响－气候变化－研究
Ⅳ.① P461

中国版本图书馆 CIP 数据核字（2022）第 140767 号

Field Notes from a Catastrophe: Man, Nature and Climate Change
by Elizabeth Kolbert
Copyright © 2006 by Elizabeth Kolbert
Published by arrangement with The Robbins Office, Inc.
International Rights Management: Susanna Lea Associates
Simplified Chinese edition copyright © 2022 by Yilin Press, Ltd
All rights reserved.

著作权合同登记号　图字：10—2022—94 号

灾异手记：人类、自然和气候变化　［美国］伊丽莎白·科尔伯特／著　何恬／译

责任编辑　陶泽慧
装帧设计　胡　苊
校　　对　戴小娥
责任印制　单　莉

原文出版　Bloomsbury，2015
出版发行　译林出版社
地　　址　南京市湖南路 1 号 A 楼
邮　　箱　yilin@yilin.com
网　　址　www.yilin.com
市场热线　025-86633278
排　　版　南京展望文化发展有限公司
印　　刷　南京新世纪联盟印务有限公司
开　　本　880 毫米 × 1230 毫米　1/32
印　　张　8.25
插　　页　4
版　　次　2022年10月第1版
印　　次　2022年10月第1次印刷
书　　号　ISBN 978-7-5447-9343-8
定　　价　58.00元

主 编 的 话

刘　东

　　总算不负几年来的苦心——该为这套书写篇短序了。

　　此项翻译工程的缘起，先要追溯到自己内心的某些变化。虽说越来越惯于乡间的生活，每天只打一两通电话，但这种离群索居并不意味着我已修炼到了出家遁世的地步。毋宁说，坚守沉默少语的状态，倒是为了咬定问题不放，而且在当下的世道中，若还有哪路学说能引我出神，就不能只是玄妙得叫人着魔，还要有助于思入所属的社群。如此嘈嘈切切鼓荡难平的心气，或不免受了世事的恶刺激，不过也恰是这道底线，帮我部分摆脱了中西"精神分裂症"——至少我可以倚仗着中国文化的本根，去参验外缘的社会学说了，既然儒学作为一种本真的心向，正是要从对现世生活的终极肯定出发，把人间问题当成全部灵感的源头。

　　不宁惟是，这种从人文思入社会的诉求，还同国际学界的发展不期相合。擅长把捉非确定性问题的哲学，看来有点走出自我围闭的低潮，而这又跟它把焦点对准了社会不无关系。现行通则的加速崩解和相互证伪，使得就算今后仍有普适的基准可言，也要有待于更加透辟的思力，正是在文明的此一根基处，批判的事业又有了用武之地。由此就决定了，尽管同在关注世俗的事务与规则，但跟既定框架内的策论不同，真正体现出人文关怀的社会学说，决不会是医头医脚式的小修小补，而必须以激进亢奋的姿态，去怀疑、颠覆和重估全部的价值预设。有意思的是，也许再没有哪个时代，会有这么多书生想要焕发制度智慧，这既凸显了文明的深层危机，又表达了超越的不竭潜力。

于是自然就想到翻译——把这些制度智慧引进汉语世界来。需要说明的是，尽管此类翻译向称严肃的学业，无论编者、译者还是读者，都会因其理论色彩和语言风格而备尝艰涩，但该工程却绝非寻常意义上的"纯学术"。此中辩谈的话题和学理，将会贴近我们的伦常日用，渗入我们的表象世界，改铸我们的公民文化，根本不容任何学院人垄断。同样，尽管这些选题大多分量厚重，且多为国外学府指定的必读书，也不必将其标榜为"新经典"。此类方生方成的思想实验，仍要应付尖刻的批判围攻，保持着知识创化时的紧张度，尚没有资格被当成享受保护的"老残遗产"。所以说白了：除非来此对话者早已功力尽失，这里就只有激活思想的马刺。

　　主持此类工程之烦难，足以让任何聪明人望而却步，大约也惟有愚钝如我者，才会在十年苦熬之余再作冯妇。然则晨钟暮鼓黄卷青灯中，毕竟尚有历代的高僧暗中相伴，他们和我声应气求，不甘心被宿命贬低为人类的亚种，遂把移译工作当成了日常功课，要以艰难的咀嚼咬穿文化的篱笆。师法着这些先烈，当初酝酿这套丛书时，我曾在哈佛费正清中心放胆讲道："在作者、编者和读者间初步形成的这种'良性循环'景象，作为整个社会多元分化进程的缩影，偏巧正跟我们的国运连在一起，如果我们至少眼下尚无理由否认，今后中国历史的主要变因之一，仍然在于大陆知识阶层的一念之中，那么我们就总还有权想象，在孔老夫子的故乡，中华民族其实就靠这么写着读着，而默默修持着自己的心念，而默默挑战着自身的极限！"惟愿认同此道者日众，则华夏一族虽历经劫难，终不致因我辈而沦为文化小国。

一九九九年六月于京郊溪翁庄

献给我的儿子们

目　录

第三部分　时　间

序　言

　　如果有机会入住北极饭店的话,那么你会发现,除了观察眼前不断漂过的冰山,几乎没有其他事情可做。这家饭店坐落于格陵兰岛西海岸的伊路利萨特,纬度比北极圈还要高 4 度。冰山群产生于绵长且流动迅速的雅各布港冰川的末端,离此约 50 英里①。这些冰山先是顺着一个峡湾漂流而下,随后又通过一个出口开阔的海湾,如果长久不化,它们最终将汇入北大西洋。("泰坦尼克号"当年遭遇的冰山很可能就是顺着上述路线漂流的。)

　　对于下榻北极饭店的观光客来说,冰山群是一道足够震撼的风景:美丽与恐怖之感同等强烈。它们揭示了自然的广袤和人类的渺小。当然,对于那些长期居住在伊路利萨特的格陵兰岛本地人、欧洲导游和美国科学家来说,如今的冰山群有了另一重意义。自 20 世纪 90 年代晚期开始,雅各布港冰川的流动速度已经加倍。在

---

　　①　科学语言采取的是公制单位,但绝大多数的英美读者习惯于用英尺、英里和华氏温度来表达和思考。行文中,我尽可能采取英制单位,当然在明显更适用公制单位的地方,我也使用了公制单位。例如,碳排放量的标准量度是吨。1 吨相当于 2 205 磅。——原注

此进程中,冰川的高度以每年约 50 英尺的速度迅速降低;与此同
1 时,冰裂线(the calving front)也后撤了数英里。由此,尽管冰山群
依然宏伟壮观,但当地人如今关注的已再不是它们的伟岸或巨大,
而是它们令人不安的衰减。

"你再也看不到大的冰山群了。"伊路利萨特的市议会议员耶雷
米亚斯·詹森对我说。春末的一个下午,我们一起在北极饭店的大
厅里喝咖啡。窗外雾蒙蒙的,冰山群看上去像是从雾中生长出来似
的。"这几年的天气很是反常,你能看到许多奇怪的变化。"

这是一本观察地球变化的书。其前身为我于 2005 年春季为
《纽约客》杂志撰写的三篇文章,其目标与原先的系列文章完全一
致,即尽可能生动地传达出全球变暖的现实。本书开头几章的故事
都发生在北极圈附近或是北极圈内,比如阿拉斯加的戴德霍斯、雷
克雅未克郊外的农村,还有格陵兰岛冰原上的瑞士营考察站。我去
上述地方皆是出于新闻工作者的惯常缘由:或是因为有人邀请我
随访探险活动,或是因为有人允许我搭乘直升机,或是因为有人在
电话里听起来非常有趣。上述理由对接下来几个章节的地点选择
也仍然有效。无论是决定去英格兰北部追踪蝴蝶,还是去荷兰参观
漂浮的房子,都是如此。全球变暖的影响如此之广,我可以访问的
地方不说数以千计,也有数以百计(从西伯利亚到奥地利的阿尔卑
斯山脉,从大堡礁到南非的灌木群),从中记录下它的影响。这些不
2 同的选择,也许在叙述细节上各不相同,但结论将是一致的。

人类不是第一个使大气发生改变的物种,那一殊荣属于 20 亿
年前最先开始光合作用的细菌。但我们是第一个能够对自己的行
为进行思考的物种。人们利用计算机针对地球气候做出的模型表
明,一个危险的临界点正在逼近。越过它很容易,越过之后再想要

全身而退却几乎是不可能的。本书第二部分探讨的是科学与全球变暖的政治学之间的复杂关系,以及我们已经知道的东西和我们拒绝知道的东西之间的复杂关系。

　　我希望每个人都来读这本书,不仅仅是那些密切关注最新气候资讯的人,也包括那些喜欢忽略此类消息的人。无论是好是坏(多半是后者),全球变暖都是个涉及面很广的问题,大量的相关数据可能令人望而生畏。我在避免过度简化的基础上试图呈现出基本的事实。与此同时,我也努力将科学理论探讨的比重降到了最低,尽可能充分运用描述来向读者传达那些生死攸关的危急现实。　　3

第一部分

自　然

第一章

阿拉斯加的希什马廖夫村

　　阿拉斯加的希什马廖夫村位于萨里切夫岛上。萨里切夫是个小岛,只有0.25英里宽,2.5英里长,距离苏厄德半岛约5英里,岛上差不多就只有希什马廖夫村。小岛除了北面是楚科奇海,周边其余地区都属于白令大陆桥国家保护区,而后者或许可以算作是美国最为人迹罕至的国家公园了。这片大陆桥是海平面下降300多英尺后得以浮出海面的陆地,在末次冰期逐渐扩展到将近1 000英里宽。而白令大陆桥保护区就是这座大陆桥经历了10 000多年的气候回暖后仍然位于水面之上的部分。

　　希什马廖夫(人口为591人)是一个因纽特人的村落。几个世纪以来,一直有人(至少是季节性地)居住在这里。和阿拉斯加当地的许多村庄一样,这里的生活通常都以一种令人困惑的方式,将非常古老的部分与十足现代的部分结合在一起。希什马廖夫村几

乎所有的村民至今仍靠打猎维持生计,除了主要猎物髯海豹外,人

7 们也捕猎海象、驼鹿、兔子和候鸟。我来到这个村庄的时候是 4 月份。此时正值春季融雪,捕猎海豹的季节即将来临。(村民们通常将处理好的猎物储藏在雪下面,我在村子里闲逛的时候,就差点被去年贮存的、已经从雪里露出来的猎物绊倒。)中午,村里的运输规划员托尼·韦尤安纳邀请我去他家共进午餐。在客厅里,一台巨大的电视机正在播送当地的公共电视频道。摇滚乐声中,"向以下长者问候生日快乐……"的字幕正在银屏上滚动播出。

　　传统上,希什马廖夫的男人们都是在海洋冰面上架着狗拉雪橇去捕猎海豹的,而近来使用更多的则是摩托雪橇车。当男人们将海豹拉回村庄后,妇女们负责剥皮和腌制,整个过程将会持续数周。20 世纪 90 年代初,捕猎者发现海洋冰面开始发生变化。(虽说"因纽特人有数百个形容雪的词汇"是个夸张的说法,但因纽皮雅特人确实能区分出诸多不同类型的冰,包括指代幼冰的"sikuliaq",指代浮冰的"sarri"和指代陆冰的"tuvaq"。)这里的冰从深秋开始凝结,到了早春开始融化。以往,人们驱车到 20 英里以外都是可能的,但是现在,在海豹到来的时节,离岸 10 英里的地方,冰已是糊状的。韦尤安纳形容其质地如"雪泥"一般。当你碰到这种冰,他说"你就会寒毛直竖,眼睛瞪大,几乎不敢眨一下"。驾驶摩托雪橇车出去打

8 猎变得太过危险,人们不得不弃车用船。

　　海冰的变化不久还带来了其他诸多问题。即便以希什马廖夫村的最高点计算,这个村子也只比海平面高了 22 英尺。村里的房子大多数由美国政府修建,又小又矮,看起来不太坚固。以往楚科奇海很早就结冰了,冰层对村庄起到了保护作用,就像防水布保护游泳池不被大风搅浑一样。但是,当楚科奇海推迟结冰后,希什马

廖夫村在暴风雨的冲击面前就显得愈加脆弱了。1997年10月的那场暴风雨就冲走了小镇北边约125英尺宽的狭长地带。一些房子被摧毁,十几座房屋不得不迁移到别处。在2001年10月的另一场暴风雨中,这座村庄受到了12英尺高巨浪的威胁。2002年夏季,希什马廖夫村的居民以161票对20票决定,将整个村庄迁移到大陆上去。2004年,美国陆军工程兵团已经完成了对可能的迁移地点的勘察。被规划为新村庄地点的大多数地方和萨里切夫一样偏远,不通公路,附近没有城市,甚至连定居点也没有。据估算,整个迁移工程将花费美国政府1.8亿美元。

与我交谈过的希什马廖夫人对计划中的搬迁表现出了不同的情绪。一些人担心,离开了这座小岛,他们就会丢掉与海洋的联系,由此产生某种失落感。"这将使我感到孤独。"一名妇女说。另一些人则为可能获得的某些便利(比如希什马廖夫村没有的自来水)而感到喜悦。不过,这里的每个人似乎都认为,村庄如今的处境已经岌岌可危,而未来只可能更糟。

莫里斯·基尤特拉克是一位在希什马廖夫村生活了一辈子的六十五岁老人。(他告诉我,他姓氏的含义是"没有木匙"。)我是在村里教堂的地下室闲逛时遇上他的。这个地方也是非官方团体"希什马廖夫侵蚀与搬迁联盟"的总部所在地。"当我第一次听说全球气候变暖时,我并不相信那些日本人,"基尤特拉克告诉我,"但他们当中的确有一些很好的科学家,气候变暖如今已经变成了事实。"

1979年,美国国家科学院开展了有关气候变暖的首次大型研究。彼时,气候建模尚处于初级阶段,只有很少的几个团体曾仔细考虑过向大气增排二氧化碳将会导致的后果。其中的一个团队是由美国国家海洋与大气局的真锅淑郎[①]领导的，而另一个团队则是由美国国家航空航天局戈达德太空研究所的詹姆斯·汉森[②]领导的。他们得出的结论让人非常担心，以至于卡特总统要求国家科学院对此展开调查研究。科学院为此任命了一个九人专门小组，由来自麻省理工学院的著名气象学家朱尔·查尼担任组长。查尼是第一位早在20世纪40年代就证明数值天气预报具有可行性的气象学家。

这个二氧化碳及气候问题的特别研究小组，或称查尼小组，在马萨诸塞州伍兹霍尔的国家科学院夏季研究中心开了五天的会，会议的结论很明确。小组成员试图找出建模工作的缺陷，但最终一无所获。科学家们写道："如果二氧化碳持续增加，那么研究小组找不到任何理由来怀疑全球气候将会发生变化，也没有任何理由相信这些变化是微不足道的。"他们估计，大气中的二氧化碳如果比前工业化时期翻了一倍，就可能使全球温度上升2.5到8华氏度（约1.39至4.44摄氏度）。因为气候系统生来就具有滞后性，小组成员无法确定已经开始的变化将在何时清晰地显现出来。大气中二氧化碳含量增加的后果是打破地球的"能量平衡"。根据物理学的定律，为了恢复平衡，包括海洋在内的整个地球都将升温。查尼小组认为，这一过程可能将持续"数十年"。由此，坐等气候变暖的证据以证明建模的准确性这种看起来最为保守的方式，恰恰可能是最为冒险的策略："在二氧化碳的负载大到明显的气候变化已不可避免之

---

① 真锅淑郎，日裔美籍科学家，因"对地球气候的物理建模、量从可变性和可靠地预测全球变暖"的贡献，与德国科学家克劳斯·阿塞尔曼分享2021年诺贝尔物理学奖。同时获奖的还有意大利物理学家乔治·柏里西。——编注
② 詹姆斯·汉森，美国气候科学家，1988年在美国国会听证会警示化石燃料等人类活动可能导致全球变暖，成为拉响这一警报的第一位科学家，被尊为"全球变暖研究之父"。——编注

前,人们可能不会收到任何警告。"

距离查尼小组发布上述报告,已经过去了 25 年。在这段时间内,美国人已经无数次被警示,全球变暖将会带来危险,哪怕只将这些警告中的一小部分翻印出来都有洋洋几大卷了。事实上,人们已经撰写了不少书籍,记录下警醒大众关注这一问题的种种努力。(从查尼报告开始,仅国家科学院一家,便已就此话题展开了近 200 种研究,包括"气候变化的辐射力"、"了解气候变化的反馈"和"温室效应导致气候变暖的政策意涵"等等。)然而,也正是在这 25 年间,全世界的二氧化碳排放量仍在持续上升,从每年 50 亿吨增长到每年 70 亿吨。同时,地球的温度也恰如真锅淑郎模型和汉森模型所预测的那样,正处于稳步上升之中。1991 年以前,1990 年是最热的年份,而 1991 年也是同样炎热。随后的几乎每一个年份都越来越热。到写作本文时为止,1998 年是自有仪表温度记录以来温度最高的年份;2002 年和 2003 年紧随其后,并列第二位;2001 年居第三;2004 年为第四。由于全球气候本来就处于变化之中,科学家很难推断究竟在什么时候,自然变化不再是造成气候变化的唯一原因。2003 年,美国最受尊重的大型科学团体之一——美国地球物理协会断定,该问题已经有了答案。在当年的年会上,协会发布的共识表明:"自然影响无法解释全球近地表温度的迅速增高。"根据最精确的研究和推测,现在的世界比过去 2 000 年中的任何时间都要暖和,如果这一趋势继续下去,到 21 世纪末,气温将达到过去 200万年的最高点。

同样地,全球变暖已经不再只是一种学说了,它产生的影响也不再只是一种假设了。世界上几乎每一片大型冰川都在收缩。冰川国家公园里的冰川消退得如此迅速,以至于人们估计它们将在

2030年完全消失。海洋不仅在变热,而且酸性也增加了;昼夜温差也在逐渐缩小;动物们的活动范围逐渐向南(北)极移动;植物的花期比过去提前了数天,有的甚至是数周。上文提及的都是查尼小组警告人们不能观望等待的警报信号。虽然在地球上的许多地方,这些信号仍微弱得几乎可以忽略不计,但在某些地方,这些信号已经不能够再被忽视了。最戏剧性的变化发生在诸如希什马廖夫这样的人口最稀少的地方。早期的气候模型也曾就全球变暖对极北地区的超强影响做过预报。当时这些预报还只是以 FORTRAN 语言编写的一栏栏图表,而如今这些影响已经可以直接被测量和观察到了:北极正在融化。

北极的大部分土地和北半球几乎四分之一的土地(约55亿英亩)的底下都是永冻土。访问希什马廖夫数月之后,我又回到了阿拉斯加,与地球物理学家、永冻土专家弗拉基米尔·罗曼诺夫斯基一起做横穿阿拉斯加州内地的旅行。罗曼诺夫斯基在阿拉斯加大学教书,而费尔班克斯正是其主校区的所在地。在我的航班抵达时,这座城市正笼罩在浓密的烟雾之中,它看起来像雾,但闻起来像燃烧着的橡胶。然而,不断有人告诉我,我已经够幸运了,如果提前两周来,这里烟雾弥漫的情况还要更糟。"连狗都戴上了防毒面具。"我遇到的一个女人说。我当时肯定笑了。"我不是在开玩笑。"她对我说。

费尔班克斯是阿拉斯加的第二大城市,四周都是森林。每到夏天,这里的闪电都会引发森林火灾,致使空气中好多天都弥漫着烟雾。如果碰上不好的年头,烟尘甚至会持续数周之久。2004年夏天,森林火灾从6月份就开始了,且火势直到两个半月后都没有停止。我于 8 月下旬抵达时,已有 630 万英亩的土地被焚烧,焚烧面积大致相当于整个新罕布什尔州,创下了新的历史纪录。火灾的猛烈很显然与异常炎热干燥的天气有关。这一年,费尔班克斯的夏季平均温度达到史上最高,而降雨量则是史上第三低。

　　我在费尔班克斯的第二天,罗曼诺夫斯基到饭店来接我去进行一次城市地下之旅。和许多永冻土专家一样,罗曼诺夫斯基来自俄罗斯。(大约就在苏联人做出决定,要在西伯利亚修建古拉格集中营的时候,他们也开创了对永冻土的研究。)罗曼诺夫斯基是一位有着蓬松的棕色头发、方下巴和宽阔肩膀的男人。当年读书的时候,他曾在职业曲棍球手和地球物理学家之间面临选择。罗曼诺夫斯基最终选择了后者,他对我说,那是因为"我做科学家似乎要比当曲棍球手更擅长一点点"。于是,他后来取得了两个硕士学位和两个博士学位。罗曼诺夫斯基来接我的时候已是上午 10 点,但由于到处都是烟雾,天看起来像刚刚破晓。

14

　　根据定义,任何一块保持结冰状态两年以上的土地即是永冻土。在东西伯利亚等地区,永冻土层大约有 1 英里深;而阿拉斯加的永冻土层则从几百英尺深到几千英尺深不等。邻近北极圈的费尔班克斯正好位于非连续性永冻土区域,这意味着这座城市里布满了结冰的地块。我们行程的第一站离罗曼诺夫斯基家不远,那是永冻土上的一个坑洞。这个坑洞大约 6 英尺宽,5 英尺深。不远处还可以看到其他的坑洞,有的比这个坑洞还大。罗曼诺夫斯基告诉我,这些坑洞都已经被当地的公共建设部门用砂砾填上了。当永冻土逐渐消融时,这些被视作热融现象(thermokarst)的坑洞便突然出现,就好像一块正在被腐蚀的地板。(融化的永冻土的专业术语是"talik",源自一个意为"不结冰"的俄语词。)罗曼诺夫斯基还指给我看马路对面一条延伸到森林里的长地沟。他解释道,这条地沟是在一块楔形的地下冰融化后形成的。原来紧贴地沟或矗立于地沟之上生长的云杉,现在以一种奇特的角度倾侧着,就好像为狂风所倾倒。当地人将这种树称作"醉汉"。其中的少数云杉已经完全倒下了。"它们已经醉瘫了。"罗曼诺夫斯基说。

由于冻土崩裂,水灌进了裂缝里,故而阿拉斯加的土地上镶嵌着众多形成于末次冰期(last glaciation)的冰楔。这些深达数十乃至数百英尺的楔子往往呈网状分布,当它们融化时,便留下了众多菱形或六边形的相互连接着的洼地。"醉汉"森林的另一边有几个街区,我们来到了其中的一栋房子前面,它的前院留有冰楔融化的明显痕迹。房子的主人因地制宜,将其改造成一个小型的高尔夫球场。在街区拐角,罗曼诺夫斯基提醒我注意一栋基本上已经裂成两半的、不再有人居住的房子。房子的主体向右倾斜,而车库则向左倾斜。这栋房子建于 20 世纪 60 年代或是 70 年代早期,一直使用到大约十年前——那时永冻土开始融解。罗曼诺夫斯基的岳母也曾在这个街区拥有两栋房子。他说服她卖掉了它们。他指给我看其中一栋房子,如今它已经有了新主人,然而屋顶上出现了一些看起来不太妙的褶皱。(罗曼诺夫斯基自己买房子的时候,只选择买在非永冻土的区域内。)

"十年前,根本没有人会注意永冻土这回事,"他告诉我,"现在每个人都想知道它会怎么样。"罗曼诺夫斯基及其阿拉斯加大学的同事所设置的监测站遍布费尔班克斯。这些监测数据表明,很多地方永冻土的温度已经上升到了零下 1 摄氏度以上。而对于那些被公路、房屋或草坪侵入的永冻土来说,其中的很大一部分已经开始融解。罗曼诺夫斯基也监测了北坡的永冻土层,发现那里的永冻土温度已经达到了将近 0 摄氏度。尽管路基的热融现象和屋宅底下的不冻层只会影响周边（或之上）居民的生活,但变热的永冻土影响重大,后果远远超出了当地房产损失的范围。首先,永冻土如同一份描绘长期温度走势的独特记录。其次,永冻土实际上是温室气体的贮存室。一旦气候变暖,这些气体就得到了重新被释放回大气的好机会,而这又将导致进一步的全球变暖。虽然永冻土的形成年代很难估计,但罗曼诺夫斯基推测,阿拉斯加的绝大部分永冻土的历史也许可以追溯至末次冰期的开端。这就意味着,这些永冻土一旦解冻,将是 12 万多年以来的第一次。"到时候会发生许多有趣的事情。"罗曼诺夫斯基对我说。

　　第二天早上 7 点,罗曼诺夫斯基开车来接我。我们计划从费尔班克斯驾车 500 英里去北边普拉德霍湾的戴德霍斯。罗曼诺夫斯基在那里设立了很多电子监测站,每年至少需要去收集一次数据。由于通往那里的道路大半没有铺柏油或石砖,他就临时租了辆卡车。卡车的挡风玻璃上有很多裂缝。当我暗示这可能是个问题时,罗曼诺夫斯基向我保证这就是"典型的阿拉斯加作风"。他还带了一大包多提士玉米片,作为我们一路上的零食。

17

　　我们所走的道尔顿公路是为阿拉斯加的石油开采而修建的。石油管道沿着马路时而在左,时而在右。（由于永冻土的存在,石油管道大多就修在路面上,支撑管道的地桩里含有充当制冷剂的氨水。）不断有卡车从我们身边驶过,一些车顶上捆着被砍下的驯鹿脑袋,另一些车则属于阿拉斯加管道服务公司。后一类卡车上写着令人不安的标语——"无人受伤"（Nobody Gets Hurt）。车开出费尔班克斯两小时后,我们开始穿过刚刚燃烧过的森林区域,然后是仍在闷燃冒烟的区域，最后是仍有零星火焰的地区。这景象有点像但丁笔下的场景，也有点像电影《现代启示录》中的画面。我们在烟雾中缓缓行进，几个小时后到达了科尔德富特（Coldfoot）镇。据说此地是由 1900 年来到这里的淘金客命名的，因为他们到达这里后"双脚冰凉"①，于是就掉头回家了。我们在一个卡车停车场歇脚吃午饭，它几乎就是这个镇子的全部了。过了科尔德富特镇再往前走，我们就通过了林木线。一棵常绿植物上挂着一块牌子，上面写着"阿拉斯加管道最北端的云杉：禁止砍伐"。可以想见，曾有人试图砍伐它。树干上的一道深口子由强力胶布包扎了起来。罗曼诺夫斯基告诉我："我觉得这棵树快要死了。"

18　　终于，大约下午 5 点的时候，我们到达了第一个监测站所在的岔路口。这时候的我们开始沿着布鲁克斯山脉的边缘行进，在傍晚阳光的照射下，群山看上去是紫色的。由于罗曼诺夫斯基的一个同事曾经有过（但从未实现）乘飞机到达这个监测站的梦想，所以这座监测站的旁边有一座简易的小型机场，坐落在一条湍急河流的对岸。由于降雨量不高，小河的水不深，于是我们穿上胶靴，涉水过河。这座监测站由几根插入冻土带的桩子、一块太阳能电池板、一个有大口径导线伸出的 200 英尺深的井眼，以及一个用来装电脑设备的形似冰箱的白色容器组成。去年夏天在离地数英尺处安装的太阳能电池板，如今已经被搁在了灌木丛上。罗曼诺夫斯基起先猜测这是人为的恶意破坏，但后来经过更仔细地检查，他发现这原来是熊的杰作。于是，在他连接笔记本电脑与白色容器中的某台监测仪器期间，我的任务便是留心注意周围的野生动物。

---

① 英文"get cold feet"，也指胆怯，失去勇气。——编注

就像人在煤矿里会感到闷热一样——因为热量从地心流出,离地面越深,永冻土的温度就越高。在平衡的条件下(也就是说,当气候是稳定的),井下温度最高的地方应该是在底端,越接近地面,温度会稳步降低。在这种情况下,最低的温度将出现在永冻土的表层,由此,如果绘制曲线图的话,其结果便是一条斜线。最近几十年,阿拉斯加永冻土的温度线已经发生了弯曲。现在,你得到的图像已不再是一条直线,而更像一把镰刀。永冻土的最底端仍是最热的,但最顶端不再是最冷的地方,中间成了最冷之处,从中间开始,越接近地面温度越高。这正是气候变暖的明确标志。

我们的卡车颠簸在返回戴德霍斯的路途中,罗曼诺夫斯基向我解释道:"考察大气的温度变化很难,因为影响它的可变因素太多了。"原来他带上玉米片,抵抗的不仅是饥饿,还有疲劳。他说,嘎吱脆响的声音可以让他保持清醒;很大的一包玉米片已经快见底了。"如果某一年,费尔班克斯周围的年平均气温达到 0 摄氏度,你会说'哦,天气正在变暖'。又一年,年平均气温回到零下 6 摄氏度,于是人们又会问'所谓的全球变暖在哪里?'就大气温度来说,相较于干扰因素,气候变暖的信号显得非常微弱。永冻土层就好比是一个低通过滤器(low-pass filter),因而我们考察永冻土温度比考察大气温度更容易发现温度变化的趋势。"从 20 世纪 80 年代早期开始,阿拉斯加大部分地区的永冻土层的温度已经升高了 3 华氏度。该州某些地方的永冻土温度甚至已经升高了将近 6 华氏度。

当你在北极行走时,踩在脚下的不是永冻土层,而是一种被称为"活性层"(active layer)的土地。这种活性层随处可见,从几英寸深到几英尺深的都有。它们冬天冻结,夏天融化,是可供植物生长的土壤。在条件足够好的地方,活性层上生长着高大的云杉;条件不够好的地方,则灌木丛生;而条件恶劣的地方,活性层上就只能生长地衣了。生物在活性层的生长过程和在气候更为温和的地区基本差不多,却也存在着一个关键性的差异,即活性层的温度太低,会导致树木和草死亡之后无法完全腐烂。于是,新的植物便长在半腐烂的植物残骸之上;而当新的植物死亡后,则将再一次重复前面的过程。最终,通过一个名叫冻融搅动(cryoturbation)的过程,有机物被下推至活性层以下,进而进入了永冻层。在那里,有机物将以一种植物学上的假死状态封存数千年。(在费尔班克斯,人们在永冻土层里发现了仍然维持绿色的末次冰期中期的草本植物。)在这个意义上,就贮存积碳而言,永冻土层与泥炭沼泽或煤矿十分相似。

　　而温度升高的危险之一便是:上述贮藏过程有可能朝着相反的方向发展。在一定的环境条件下,那些被冻结了数千年的有机物开始分解,释放出二氧化碳或者甲烷,而后者是一种更强大(虽然不稳定)的温室气体。在北极的很多地方,这一过程已经开始了。例如,瑞典的研究者已经测量斯图达伦沼泽的甲烷输出量长达35年。这片沼泽位于阿比斯库附近,也就是斯德哥尔摩以北900英里的地方。由于这个地区的永冻土层温度升高,甲烷的排放量业已增多,有的地方甚至增长了60%。正在融化的永冻土层使得活性层更加适合植物的生长,这或许能消耗掉一部分碳。但即便如此,它仍然不足以抵消释放的温室气体。虽然没人确切地知道全世界的永冻土中到底储存着多少碳,但估计有4 500亿吨之巨。

　　"它就像一道预制菜,只要稍稍加热,就能开始烹调了。"罗曼诺夫斯基告诉我。到达戴德霍斯后的第二天,我们在淅淅沥沥的细雨中驾车前往下一个监测站。"我认为,它就是个定时炸弹,待气候再暖一些就会爆炸。"罗曼诺夫斯基在帆布工作服外面套了一件雨衣。我也穿上了他为我准备的雨衣。他又从卡车后面取出了防水油布。

每次获得资助,罗曼诺夫斯基都会在他的网络中增设新的监测站。目前监测站总数已经达到 60 座。当我们在北坡时,他把整个白天和部分的夜晚都用来从一座监测站奔波到下一座监测站——此地的日照一般会持续到将近 23 点。在每一座监测站,例行程序几乎都差不多。首先,罗曼诺夫斯基会将他的笔记本电脑与数据记录器连接起来,后者从前一个夏天起就每小时记录一次永冻土的温度。如果下雨了,罗曼诺夫斯基就会蹲伏在防水油布下面完成第一项步骤。然后,他会拿出一根"T"字形的金属探针,每隔一定距离将它插入地面来测量活性层的厚度。这根探针大概有一米长,但现在已经不够长了。夏季已经变得如此炎热,致使几乎所有的活性层都加厚了,有的加厚了几厘米,有的则更多。在那些活性层特别厚的地方,罗曼诺夫斯基不得不想出新的测量方法:将探针和木尺并用。(我则帮他把这些测量结果记录在防水田野笔记本上。)他解释道,这些使活性层加厚的热量会继续向下发挥作用,使得永冻层的温度更加接近解冻点。"明年再回来。"他建议我。

在北坡的最后一天,罗曼诺夫斯基的朋友尼古拉·帕尼科夫来到了这里。他是新泽西的史蒂文斯理工学院的一位微生物学家,计划搜集一些名叫嗜冷菌(psychrophiles)的喜好寒冷环境的微生物,带回新泽西进行研究。帕尼科夫想要弄清,有机体能否在那种据说曾在火星上发现的环境里存活。他告诉我,他坚信火星上有生命体存在,或者至少曾经存在过生命体。对于帕尼科夫的观点,罗

22

曼诺夫斯基翻了个白眼表达了他的意见，但他还是答应帮助帕尼科夫掘开永冻土来寻找微生物。

23　同一天，我和罗曼诺夫斯基一起乘坐直升机飞到了北冰洋的一座小岛上，他曾在那里设置过一座监测站。该小岛位于北纬 70 度以北，是一大片灰暗凄冷的泥土地，只有小簇泛黄的植物点缀其间。那里布满了正开始融化的冰楔，形成了一个多边形洼地网。天气又冷又湿，所以当罗曼诺夫斯基蹲伏在防水油布下工作的时候，我便待在直升机上和飞行员聊天。他自 1967 年开始就生活在阿拉斯加。"自我来这里后，天气确实变热了，"他告诉我，"我真切地看到了这一变化。"

罗曼诺夫斯基从防水油布下面钻出来后，我们决定在岛上走一走。很显然，春天的时候这里曾是鸟类的栖居地，我们足迹所至，到处都是蛋壳的碎片和鸟类排泄物。这座岛的海拔只有 10 英尺，边缘处大多直降入海，十分陡峭。罗曼诺夫斯基指给我看岸边的一处地方，就在那里，前一年夏天有很多的冰楔暴露出来。之后冰楔融化，土地便崩塌成黑泥瀑布。罗曼诺夫斯基预计，未来几年里，将会有更多的冰楔暴露出来，然后融化，导致进一步的侵蚀。虽然此处冰楔的融化进程与希什马廖夫村的情况在力学机制上有些不同，却源于基本相似的原因，而且在罗曼诺夫斯基看来，很可能也会导致相同的结果。"又一座岛屿正在消失，"他指着刚刚暴露出来的一些陡壁说，"它移动得非常非常快。"

1997 年 9 月 18 日，一艘 318 英尺长、船体鲜红的破冰船"德格罗塞耶号"从图克托亚图克镇出发，行驶在波弗特海上，在阴天里向北行进。"德格罗塞耶号"通常以魁北克市为基地，供加拿大海岸

警卫队使用,但在这次特殊的旅行中,它却载着一群美国地球物理 24
学家,而这些科学家计划将船挤进一块浮冰之中。他们希望船只与
浮冰连作一体在北冰洋中漂浮,届时,他们将展开一系列的实验。
探险队花了好几年时间做准备,在计划阶段,组织者仔细考察了
1975 年一支北极探险队的考察成果。搭乘"德格罗塞耶号"的研究
者们已经意识到北冰洋的海冰正在收缩。事实上,这也正是他们所
希望研究的现象。然而,现实仍旧令他们有些措手不及。参考过
1975 年的探险资料后,他们决定找一块平均 9 英尺厚的浮冰。但
当他们到达准备过冬的海域(北纬 75 度)时,他们不仅没有找到 9
英尺厚的浮冰,甚至就连 6 英尺厚的也很难找到。船上的一位科学
家这样回忆他们当时的反应:"这就好比'我们全都穿戴整齐,却发
现无处可去'。我们想象着给美国国家科学基金会的主办方打电话
说:'你猜怎么了,我们根本找不到冰。'"

　　北极的海冰分为两种。一种是冬季形成、夏季融化的季节冰,
另一种是整年都保持结冰状态的常年冰(perennial ice)。在没有受
过专门训练的人看来,这两种冰似乎是一样的,但如果舔一下,你就 25
会发现这是判断一块冰漂流了多久的绝佳办法。当冰块在海水中
逐渐冻结时,盐分便会从晶体结构中析出。当冰越来越厚,析出的
盐分就会聚集在细小的海水囊中,浓度很高以至于无法凝结。由
此,如果你舔一块初年冰,冰会是咸的。但如果冰块冻结得足够
久,这些海水囊会逐渐顺着微小的脉状管道流出去,冰的味道也
就会变得越来越淡。因此,常年冰没有咸味,融化之后甚至可以
直接饮用。

　　美国国家航空航天局借助装有微波传感器的卫星,完成了对于
北极海冰最为精确的测量。1979 年,卫星数据表明,常年海冰的面

积大约有 17 亿英亩,大致相当于美国大陆的面积。海冰的面积年年不同,但从那年以后,整体的趋势却是明显在缩小。波弗特海和楚科奇海的损失尤其巨大,西伯利亚和拉普捷夫海的耗损也相当可观。与此同时,一种叫"北极涛动"(Arctic Oscillation)的大气环流模式大多处于被气候学家称为"正值"的状态。这种正值的北极涛动表现为北冰洋上空由低气压控制,进而在极北地区制造大风天气和较高的温度。没有人确切知道北极涛动最近的表现到底是与全球变暖并无瓜葛,还是说恰恰是其产物。如今,常年海冰已经萎缩了将近 2.5 亿英亩,相当于纽约州、佐治亚州和得克萨斯州的面积总和。根据数学模型,即便是长期维持正值的北极涛动,也仅仅是导致海冰大规模损失的一部分原因。

　　"德格罗塞耶号"起航之时,我们手边几乎没有任何有关海冰厚度变化趋势的可用的信息。数年之后,有关于此的有限资料获得解密——这些资料是由核潜艇为着完全不同的目的而搜集的。这些资料显示,20 世纪 60 年代至 90 年代,北冰洋大部分地区的海冰厚度已经减少了将近 40%。

　　最终,"德格罗塞耶号"上的考察队员决定,他们不得不在所能找到的条件最好的一座大浮冰上驻扎下来。他们选择了一座面积约为 30 平方英里的大浮冰。浮冰上有些地方的冰层有 6 英尺厚,也有些地方仅有 3 英尺厚。考察队员们搭起帐篷来摆放实验用品,同时大家还订立了一个安全协定:每一个外出行走在冰上的人都必须有同伴陪同,并带上无线电设备。(许多人还带了枪,以防备北极熊的攻击。)一些科学家推测,由于冰层之薄相当反常,所以它可能会在考察期间恢复一定厚度。然而,事实与这一推测完全相反。"德格罗塞耶号"与浮冰冻结在一起将近 12 个月。在此期间,船向北漂了300英里。然而该年年底,这块浮冰的平均厚度还减少了,其中有些区域减少了差不多三分之一。到了1998年8月,很多科学家因冰破落水,人们不得不在安全协定中加入一条新的要求:任何下船的人都必须穿上救生衣。

27

唐纳德·裴洛维奇研究海冰已经有30年了。从戴德霍斯回来后不久,我就在一个阴雨天到他位于新罕布什尔州汉诺威市的办公室拜访。裴洛维奇服务于寒区研究和工程实验室(简称CRREL),这是美国陆军的一个下属机构,于1961年为预备一场天寒地冻的战争而设立。(当时的假定是,如果苏联入侵,他们很可能会从北部发起进攻。)他长着黑头发和非常黑的眉毛,是个为人真诚的高个子。他在"德格罗塞耶号"探险中担任首席科学家。他的办公室里装点着那次探险拍摄的照片。其中有船的照片、帐篷的照片,如果你仔细看,还可以在照片上发现北极熊。在一张画面呈颗粒状的照片上,有一个人扮成圣诞老人,在黑暗的冰面上庆祝圣诞节。"这是你所能碰到的最有趣的事了。"裴洛维奇如此向我形容这次探险。

实验室简介上的个人履历记载,裴洛维奇擅长的研究领域是"海冰和太阳辐射的相互作用"。在"德格罗塞耶号"探险期间,裴洛维奇大部分时间都在用一种名叫分光辐射度计(spectroradiometer)的仪器监测浮冰环境。朝向太阳时,分光辐射度计测量的是入射光,朝向地球时,它测量的则是反射光。用后者除以前者可以得到一个数值,即"反照率"(albedo,这一术语源于拉丁文中用来形容"洁白"的单词)。4月和5月间,浮冰上的环境相对稳定,裴洛维奇每周用分光辐射度计测量一次数据。到了6月、7月和8月,浮冰环境会发生迅速变化,他便隔天测量一次。这种工作安排使他得以精确地绘制出反照率变化的曲线图,描绘了冰块表面的雪变成烂泥,进而由

29

海冰观测——1979 年 9 月 　　　　海冰观测——2005 年 9 月

近年来,北极常年海冰的覆盖范围已经显著减少。
引自 F. Fetterer 和 K. Knowles,《海冰索引》,美国国家冰雪数据中心

烂泥变成水坑,最终部分水坑融解,与底下的海水融为一体的全过程。

理想的白色表面应当能反射掉所有照射其上的光,因此其反照率应为 1;而一个理想的黑色表面则应当能吸收所有的光,即反照率为 0。总的来说,地球的反照率是 0.3。这意味着略少于三分之一的阳光又被地球反射回去了。如果有什么现象能使地球反照率发生变化,那么它也将改变这颗行星吸收能量的多寡,而这可能会产生惊人的结果。“它所涉及的概念虽然简单,却极其重要,因此我喜欢它。”裴洛维奇告诉我。

当时,裴洛维奇让我试着想象,我们在处于北极上空的宇宙飞船中向下望着地球。“这是个春天的日子,冰都被雪覆盖着,看上去很亮很白,”他说道,“冰面反射了超过 80% 的入射太阳光。反照率在 0.8 或 0.9 左右。但如果冰都融化了,而仅仅剩下了海洋,那么

海洋的反照率将不到 0.1，大约在 0.07。

"被雪覆盖的冰反照率极高，超过地球上的一切物质，"他接着说，"而水的反照率很低，可谓地球上反照率最低的物质之一。因此，人们正在做的即是用最坏的反射镜置换最好的反射镜。"暴露在阳光下的水面越开阔，太阳能加热海洋的效果便会更显著。其结果是一种正反馈，类似于永冻土融化和碳释放之间的那种反馈，只是更直接了。这种所谓的冰反照率回馈（ice-albedo feedback）被认为是北极迅速变暖的主要原因。

"我们把冰融化成水，就向整个系统中加入了更多热量，这就意味着我们可以融化更多的冰，而后者又将增加更多的热，由此可见，它是某种自我积累的循环，"裴洛维奇说，"仅仅给气候系统施加一个小小的推力，便可能扩大成一场巨变。"

在寒区研究和工程实验室以东数十英里，离缅因州和新罕布什尔州边境不远处，有一座名叫麦迪逊巨石自然区的小型公园。这座公园里最吸引人的（事实上也是唯一吸引人的）景观是一大块两层楼高的花岗岩。麦迪逊巨石有 37 英尺宽，83 英尺长，1 000 万磅重。它来自怀特山，大约在 11 000 年前经冰川的拔蚀作用（glacial plucking）移动至现在的地点。这块石头显示出，当气候系统中相对微小的变化经过扩大后，是如何导致重大后果的。

从地质学上讲，我们现在生活在冰期之后的暖期。在过去的 200 万年里，巨大的冰原周而复始地经历了 20 多次变化：先是增长延伸至覆盖整个北半球，然后又逐渐消退。（不言而喻的是，冰原的每一次大型伸展都抹去了此前地表变化的痕迹。）最近一次的冰原伸展大约发生在 12 万年前，人们称之为威斯康星冰期。在此冰期内,冰原从斯堪的纳维亚、西伯利亚和哈得孙湾附近高地的中心向外延伸,逐渐扩展至横跨现在的欧洲和加拿大。当冰原到达最南端之时,新英格兰地区、纽约以及美国中西部地区北部的大部分地方都被一英里厚的冰覆盖。冰原是如此之重,它会挤压地壳,以至于将之压入地幔。[在一些地方,被称为均衡反弹(isostatic rebound)的复原过程今天仍在进行。]当冰雪消退,如今的这一次"间冰期"(即全新世)拉开序幕,作为终碛(terminal moraine)的长岛便是末次冰期的冰原留下的众多地标之一。

众所周知(或者至少按照学者几乎普遍接受的说法),冰川循环(glacial cycles)是由地球轨道中微小的周期性变化引发的。由其他行星的万有引力等多种因素导致的这些轨道变化,改变了不同季节间不同纬度的阳光分配,而这些轨道变化又是以 10 万年为周期才能完成一次的复杂循环。当然,单凭轨道变化自身,还不足以产生能够移动麦迪逊巨石的巨大冰原。

劳伦太德大冰原绵延约 500 万平方英里。其压倒性的巨大面积正是回馈作用的结果,大约和上文所研究的北极地区的回馈作用相类似,只是作用过程刚好相反。当冰原蔓延开去,反照率提高了,于是导致吸热的减少和冰雪的进一步增多。同时,由于一些尚未完全弄清的原因,当冰原拓展,二氧化碳的含量会减少:在最近的几次冰河作用中,二氧化碳水平的降低几乎正好与温度的降低同步发生。而在每一个暖期,当冰层消退之时,二氧化碳的含量又重新升高。研究这段历史的专家断定,冰期和暖期之间的温差至少有一半是由温室气体浓度的变化所导致的。

我待在寒区研究和工程实验室的时候,裴洛维奇带我拜访他的同事约翰·韦瑟利。韦瑟利办公室的门上有一张准备(非法地)

贴在运动型乘用车保险杠上的贴纸。上面写着"我正在改变气候！请问我方法！"韦瑟利专攻气候建模。在过去的几年里，他和裴洛维奇一起致力于将从"德格罗塞耶号"探险中收集来的数据转化成计算机算法，运用到气候预报中去。韦瑟利告诉我，好几种气候模型（全世界正在使用的主要模型大概有 15 种）已经预言，北极地区覆盖的常年海冰将在 2080 年前完全消失。到那时，虽然冬季还会继续形成季节性海冰，但夏季的北冰洋会完全处于无冰状态。"那时我们虽都不在人世了，"他说，"但我们的子孙还活着。"

　　回到裴洛维奇的办公室后，他和我谈起了对北极地区的长期展望。裴洛维奇提到，地球的气候系统是如此广大，因此并不那么容易被改变。"一方面，你想，这是地球的气候系统，它是巨大的，也是强健的。事实上，它也必须是强健的，否则气候就会变化无常。"另一方面，气候记录也表明，那种认为变化总是会以渐变形式到来的假设将被证明是错误的。裴洛维奇说起了他从一位冰河学家朋友那里听来的比喻。这位朋友把气候系统比作是一条划艇："你可以倾斜，然后回正。倾斜，再回正。但如果你倾斜过度，就只能达到另一种平衡状态——划艇已经彻底翻过来了。"

　　裴洛维奇说他还喜欢一个地域性的类比。"我是这么设想的：你在附近的草地上骑车，经过的原野中央分布有花岗岩巨石。或者说，在起伏的小山上有一块巨大的花岗岩石块挡住了你的去路。你无法绕过石块。因此，你必须推动它。于是，你开始推它，你喊来了一群朋友，你们一起推石块。最终，石块开始移动了。这时你又意识到这也许不是最好的办法。这就好像人类社会的所作所为一样。然而，对气候来说，一旦它开始滚动，我们真的不知道它会在哪里停下来。"

第二章

更温暖的天空下

全球变暖作为一种警示,应当说是 20 世纪 70 年代才提出的想法,然而作为一门纯科学,它的历史可以追溯到更早以前。在 19 世纪 50 年代晚期,一位名叫约翰·丁铎尔的爱尔兰物理学家便开始着手研究不同气体的吸收性能。他的发现使其率先对大气层的运行方式做出了准确的描述。

1820 年,丁铎尔出生在卡洛郡。他十七八岁就离开了学校,在英国政府担任测量员。丁铎尔利用晚上的时间自学,随后成为一名数学老师。虽说他不会讲德语,却启程去了马尔堡,师从罗伯特·威廉·本生("本生灯"就是用他的名字命名的)。丁铎尔取得博士学位(其时这一学位刚刚设立)之后,便遭遇了生计之忧,直到 1853 年,他应邀去伦敦的皇家科学院做了一场演讲,那里是当时英国最重要的科学中心之一。这次成功演讲之后,丁铎尔获得了一个又一

个的演讲邀请。几个月后,他当选为自然哲学教授。他的演讲非常 35
受欢迎,很多后来都结集出版了。这既证明了丁铎尔拥有极高的演
讲才能,也证明了维多利亚时代中产阶级对知识的兴趣。丁铎尔后
来又到美国做了一次演讲旅行,收入丰厚;他把所得款项委托给一
家信托机构代管,用于发展美国的科学事业。

丁铎尔的研究范围从光学到声学再到冰川运动,其多样与广博
程度令人难以置信。(他是一个狂热的登山爱好者,经常去阿尔卑
斯山研究冰雪。)他最为持久的兴趣之一便是热学,而这门学科在
19 世纪中期发展迅速。1859 年,丁铎尔制造出世界上第一台比分
光光度计(ratio spectrophotometer),这台仪器使得他能够对不同气
体吸收和传输热辐射的方式进行比较。丁铎尔在检验空气中最常
见的两种气体(氮气和氧气)时发现,无论是可见光还是红外线都
可以透过这两种气体。而二氧化碳、甲烷和水蒸气等其他气体,却
不是如此。就二氧化碳和水蒸气来说,光谱中的可见光是可以穿透
的,但红外线不能穿透。丁铎尔很快意识到自己上述发现的意义:
他宣布,选择性透光的气体在很大程度上是行星气候的决定要素。
他把这些气体的作用比作拦河大坝:正如大坝"会带来水流局部的 36
加深,大气层作为拦截地球热辐射的一道关卡,也会导致地球表面
温度的局部上升"。

丁铎尔认识到的这种现象,正是今人所说的"自然的温室效
应"。这一现象无可争议地存在;事实上,这一现象也被看作是地球
生命存在的基本条件。要想弄清楚温室效应的运作机制,我们不妨
想象一下,如果没有温室效应,世界将会怎样。在这种情况下,地球
将会持续不断地吸收太阳光的能量,但与此同时,它也不间断地将
能量反射回宇宙空间。所有的热物体都放射光热,而它们放射光热

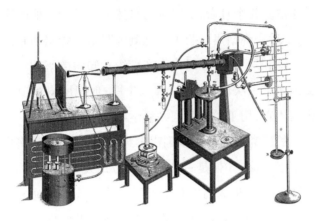

世界上第一台比分光光度计是丁铎尔制造的，
用来测量各种气体的吸收性能。
引自《哲学学报》，第 151 卷（1861）

的总量由各自的温度决定。（斯特藩-玻尔兹曼定律最为准确地表述了这种关系。这一定律指出，一个物体发出的热辐射与物体绝对温度的 4 次方成正比。$P/A = \sigma T^4$[①]）。地球为了保持能量均衡，其放射到太空中的能量总和必须等于它所吸收的总能量。一旦这种平衡由于某种原因被打破，行星就会变热或者变凉，直至温度再一次让这两股能量流相抵平衡。

如果大气中没有温室气体的话，那么从地球表面放射出的能量会毫无阻挡地流逝。在这种情况下我们将很容易计算出，当地球向太空放射的能量与其从太阳吸收的能量完全相等时，地球的热量和温度将会是多少。（当然，对于不同的位置和时令节气来说，能量的差别甚大。如果我们取所有纬度和季节的平均数，那么这一数值大

---

① P 代表能量，单位为瓦特；A 代表面积，单位为平方米；T 代表温度，单位是开氏度；σ 是斯特藩-玻尔兹曼常数 5.67×10^{-8} W/m^{2}K^4。

约是每平方米 235 瓦特,大致等于四只家用白炽灯泡的功率。)丁铎尔计算出来的结果是 0 华氏度(约-17.8 摄氏度),非常寒冷。用丁铎尔带有维多利亚风格的语言来表达,如果空气中不再含有保温的气体,"土地和花园中的热量将会不求回报地将自己注入太空,而太阳将会在一个禁锢于严寒中的岛屿上升起"。

　　由于温室气体具备选择性吸收的特性,它也就改变了地球的环境。太阳光主要是以可见光的形式照射到地球上的,因此温室气体可以让太阳光的辐射自由地通过。但是地球辐射是以红外线的方式发出的,所以一部分的地球辐射就被温室气体阻挡了。温室气体吸收了红外辐射,随后又重新发射这部分光,其中一部分射向太空,一部分放射回地球。于是,这一吸收和再放射的过程就起到了限制能量外流的作用。其结果就是,地表及低层大气的实际温度必须比前面提及的温暖得多,才能向外发射每平方米 235 瓦特热量。温室气体的存在很好地说明了全球平均温度为什么是更为舒适的 57 华氏度(约 13.9 摄氏度),而不是刺骨的 0 华氏度。

　　丁铎尔患有失眠症,并且年纪越大症状越严重。1893 年,他死于水合氯醛(chloral hydrate,一种早期的安眠药)过量,那天是妻子给他用的药。(据传,他临死之前对妻子说:"我可怜的宝贝,你杀死你的约翰啦。")就在丁铎尔中毒身亡的同一时期,瑞典化学家斯万特·阿列纽斯在丁铎尔停下脚步的地方继续推进着这项研究。

　　阿列纽斯最终成了 19 世纪的科学巨人之一,但他和丁铎尔一样,人生的开始也并不如意。1884 年,当阿列纽斯还是乌普萨拉大学的学生时,他撰写了有关电解质特性的博士论文。(后来的他于 1903 年因为这项工作获得诺贝尔奖,其研究对象即是今日所说的

38

39　电离作用理论。)大学的考试委员会并未被这篇文章打动,只给它评了个第四等级(non sine laude)的分数。接下来的几年里,阿列纽斯在国外换了一个又一个的职位,最终在家乡瑞典获得教职。直到获得诺贝尔奖前不久,他才入选瑞典科学院,而且即便如此,他的当选仍需面对强大的反对声浪。

阿列纽斯之所以会好奇地探究二氧化碳对全球温度的影响,其中的确切原因尚不清楚。他似乎尤其对"二氧化碳水平的降低是否导致冰期形成"的问题感兴趣。[一些传记作者注意到,虽然很难找到什么确实的联系,但他对此问题展开研究之时,正是他和妻子(也是他曾经的学生)分手的那段时间,而她带走了他们唯一的儿子。]事实上,在他之前,丁铎尔早就意识到了温室气体水平对气候的影响,甚至(有先见之明地,但不是完全正确地)推测温室气体水平的变化将导致"地质学家的研究所披露的各种气候突变"。但是丁铎尔的研究从未超越这种定性推测的范畴。而阿列纽斯则下决心计算出地球温度到底是如何受到二氧化碳水平变化之影响的。他后来将这项工作形容为自己人生中最单调乏味的事情之一。1894年的平安夜,他开始了这项工作。虽然他每天有规律地苦干
40　14个小时,但也还是一直忙了将近一年才接近尾声。他在写给朋友的信中说:"我自从攻读学士学位以来,还从未这样努力地工作过。"1895年12月,他最终向瑞典科学院递交了他的研究结论。

用今天的标准来看,阿列纽斯的研究看起来原始而粗糙。他所有的计算都是用笔和纸完成的。他遗漏了有关光谱吸收的重要信息,也忽视了若干潜在的重要的回馈作用。然而,这些缺陷差不多都互相抵消了。阿列纽斯追问道,如果二氧化碳水平减半或者加倍,地球气候将会发生什么样的变化。就加倍的情况来说,他确定

全球的平均温度将会上升 9 到 11 华氏度，这一结果接近如今最为精密的气候模型的估测。

阿列纽斯还取得了一大概念性的突破。其时，整个欧洲的工厂、铁路和发电站都在燃烧煤炭、喷出浓烟。阿列纽斯意识到，工业化和气候变化密切相关，矿物燃料的消耗日积月累，终将导致气候变暖。当然，他并没有意识到这一问题的严重性。由于深信海洋将像一个巨大的海绵那样吸收额外的二氧化碳，阿列纽斯认为空气中二氧化碳的累积速度将极其缓慢。根据他的某次估计，煤炭燃烧再持续 3 000 年，大气中的二氧化碳水平才会增加一倍。或许由于他所生活的年代，又或许因为他是个北欧人，阿列纽斯预期的气候变化的结果从整体上来说有益于人类的生存。在向瑞典科学院发表演讲时，阿列纽斯宣称，其时被称为"碳酸"（carbonic acid）的二氧化碳水平日益升高，将会让未来的一代代人"生活在更温暖的天空下"。之后，他又在自己撰写的众多科普著作之一《正在形成的世界》中，详细说明了这一观念：

> 由于大气中碳酸比重的增加，人类将能享受到更为温和也更为宜人的气候，对生活在地球寒冷地区的人来说尤其如此。到那时，地球将能生产出更为充足的农作物来养活人口快速增长的人类。

在阿列纽斯于 1927 年去世后，人们对气候变化的兴趣减少了。很多科学家坚持认为，即便二氧化碳水平真的在升高，增速也非常缓慢。20 世纪 50 年代中期，不知出于什么原因，一个名叫查尔斯·戴维·基林的年轻化学家决心研究更为准确地测量大气中二氧化碳含量的新方法。(后来他将这一决定的理由归结为他觉得装配这些必要的设备"非常有趣"。)1958 年,基林说服美国气象局在新气象台使用他的技术来监测二氧化碳。这一气象台的海拔高达 11 000 英尺,位于夏威夷岛上的莫纳罗亚山侧翼。从那时起,这种二氧化碳的测量工作就在莫纳罗亚山延续至今。这些被称作"基林曲线"的测量结果,也许可以称得上是迄今为止最为广泛发行的一套自然科学数据了。

42

从图形上看,基林曲线像是一段倾斜的锯齿边。每一个锯齿对应一年。二氧化碳的水平在夏季降到最低点,此时北半球的树木因为光合作用而吸收它;二氧化碳又在冬季增长到最高,其时树木都处于休眠状态。(南半球的森林较少。)同时,曲线的倾斜向上表明了年平均值的增长。

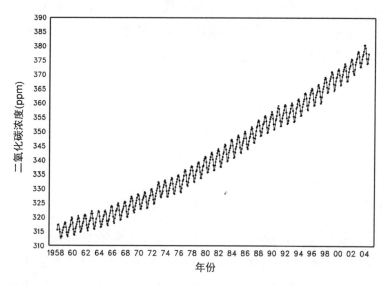

基林曲线表明,从 20 世纪 50 年代开始,二氧化碳的水平一直在稳步上升。
引自斯克里普斯海洋学研究所

莫纳罗亚山二氧化碳水平的第一次全年监测是在 1959 年,当年的平均值为 316 ppm。接下来的一年,这一平均值达到了317 ppm。这一结果促使基林发现,学界目前有关海洋吸收二氧化碳的假设有可能是错误的。到 1970 年,二氧化碳水平已经达到325 ppm,1990 年上升至 354 ppm。2005 年夏天,二氧化碳的水平 43已经达到了 378 ppm。如今,已经差不多上升到了 380 ppm。按照这一速度,到 21 世纪中叶,这一数值将达到 500 ppm,差不多是前工业化时代的两倍。也就是说,比阿列纽斯的预言提前了将近2 850 年。 44

第三章

冰川之下

瑞士营考察站建于 1990 年,位于钻入格陵兰岛冰原的一座平台之上。这里的冰像水一样流动,只是速度要缓慢得多,这个营地也因此一直处于运动之中：15 年里,它已经向西移动了大概一英里。每年夏天,整个营地都会被水淹没;一到冬天,就会冻结成冰。如此年复一年,日积月累的后果便是瑞士营差不多所有设备都没法像原先设想的那样照常运转了。为了进入营地,你必须先爬上一个雪堆,然后再从屋顶上的活板门下去,就如同进入轮船的底舱或是太空舱一样。住舱已经不再适于居住了,如今营地的人只能睡在外面的帐篷里。(有人告诉我,分配给我的帐篷正是罗伯特·斯科特在前往南极的不幸探险中曾经使用过的那种帐篷。)在我于 5 月下旬到达营地之前,有人用凿岩机凿出了核心工作区域,那里配备有几张磨损了的会议桌。在正常状况下,人们应该可以把腿放在桌子

底下,但现在,那里仍然结着 3 英尺高的冰块。我依稀看见冰块里 45
有一团电线、一个鼓起的塑料袋和一只旧簸箕。

科罗拉多大学的地理学教授康拉德·斯特芬是瑞士营的负责
人。斯特芬是个苏黎世人,他的英语带有抑扬顿挫的瑞士德语味
儿。他又高又瘦,长着浅蓝色的眼睛和灰色的胡须,举手投足间沉
着冷静,如同西部牛仔。斯特芬爱上北极还是在 1975 年攻读研究
生的时候,其时他在北磁极西北 400 英里的阿克塞尔·海伯格岛度
过了一个夏天。几年后,为了撰写自己的博士论文,他又在巴芬岛
附近的海冰上待了两个冬天。(斯特芬告诉我,他原本打算带妻子
去挪威以北 500 英里的斯匹兹卑尔根群岛度蜜月,但妻子表示反
对。于是他们最终将行程改为驾驶汽车横穿撒哈拉沙漠。)

当年斯特芬计划修建瑞士营的时候(他亲手修建了瑞士营的大
部分设施),他的脑海里还没有全球变暖的概念。他当时感兴趣的
是冰原"均衡线"(equilibrium line)的气候条件。在这条线上,冬季
积雪和夏季融水应该恰好处于平衡状态。但近几年来,"均衡"变
得越来越难以达成了。例如,2002 年夏季,许多数百年甚或上千年
都不曾有过液态水的地方也出现了冰雪融化的现象。接下来的冬
季,降雪量异乎寻常的低。到了 2003 年夏季,冰雪融化的来势如此
汹涌,以至于瑞士营周围的冰层高度下降了 5 英尺。 46

我到达营地时,2004 年的融雪季节已经到来。对于斯特芬来
说,新状况既有极大的科学价值,也造成了严峻的现实问题。几天
前,斯特芬的研究生拉塞尔·哈弗和博士后尼古拉斯·卡伦驾驶摩
托雪橇车去维护海岸线附近的几座气象站。那里积雪的温度上升
非常之快,他们不得不坚持工作到凌晨 5 点,然后绕远路回来,以免
被卷入正在急速形成的河流中。以防万一,斯特芬希望能将要做的

事情都提前做完,好让每个人都收拾好东西尽早离开。我到瑞士营的第一天,斯特芬正在修理去年融冰季节倒下的天线。天线上插满了设备,活像一棵高科技圣诞树。即便在这样相对暖和的天气里,冰原上的温度最多只会略高于 0 华氏度,我在上面走动时,仍须穿上风雪大衣,两条裤子外加秋裤,戴上两副手套。但此时,斯特芬却光着手在修理天线。他已经在瑞士营度过了 14 个夏天,当我问及他在此期间有什么收获时,斯特芬以提问的方式作答。

"从长远看,我们是否正在融解格陵兰岛冰原呢?"他问道。斯特芬正给乱作一团的电线进行分类整理,这些电线在我看来毫无二致,但肯定还是有某种可供区分的特征。"从当地的气候模型可以看出,沿海地区的冰融化得比较厉害,而且会持续融化下去。当然,与此同时,温暖的空气也将包含更多的水蒸气。由此,冰原也就会有更大的降雪量,这里于是也就有更多的降雪。其结果将会引发不平衡:顶部的冰雪累积越来越多,而底部融化的冰雪也越来越多。现在的关键问题是,哪一个占主导地位,是融化还是累积?"

格陵兰岛是世界上最大的岛屿,面积 84 万平方英里,相当于四个法国的国土面积。岛上除了最南端,其他地方几乎都在北极圈以内。第一批试图在此定居的欧洲人是由红发埃里克领导的古斯堪的纳维亚人。也许是出于故意,埃里克为这个岛屿起了个容易引起误解的名字(Greenland,意为绿色大地)。公元 985 年,埃里克带了 25 艘船和将近 700 个追随者来到这里。(其父亲由于杀人而被流放,埃里克随之离开挪威,随后又因为自己杀了好几个人而被冰岛放逐。)斯堪的纳维亚人在这里建立了两个定居点:实际位于南端的"东定居点"和实际位于北边的"西定居点"。在大约 400 年的时间里,他们依靠打猎、饲养家畜和偶尔航行到加拿大海岸勉强度日。但是后来情况变糟了。有关他们的最后文字记录是索尔斯坦·奥拉夫松和西里聚尔·比约登斯多蒂尔的结婚宣誓书,两人的婚姻缔结于东定居点,时间是 1408 年秋季“弥撒后的第二个星期天”。

　　如今岛上的居民大约有 56 000 人,其中的绝大部分都是因纽特人。岛上大约四分之一的人口生活在离西海岸 400 英里远的首府努克。从 20 世纪 70 年代开始,格陵兰岛就享有地方自治权,但由于丹麦仍将其视为自己的一个省份,所以至今还每年支付 3 亿美元来援助格陵兰岛。这样做的后果是,格陵兰岛看似跻身第一世界,但流于表面,难以服人,这里几乎没有农业和工业,甚至也没有道路。按照因纽特人的传统,他们禁止土地私有。尽管个人还是有可能在这里购买一座房子的,但是在下水管道都必须隔热处理的格陵兰岛,这将是一个奢侈的想法。

　　格陵兰岛 80% 以上的土地都覆盖着冰雪。这片巨大冰川锁住了世界上大约 8% 的淡水储备。除了瑞士营的研究者,几乎没有人在冰上生活或是频繁地在冰上探险。(冰川的边缘布满了裂缝和缺口,大得足以吞噬狗拉雪橇,有时甚至可以吞没一辆 5 吨重的卡车。)

　　和所有的冰川一样,格陵兰岛冰原全由积雪构成。越新近的冰层越厚越透气,而冰层越老则越薄越紧密。这就意味着,钻入冰层就好比是时间回溯,开始时还是逐渐而缓慢地,其后便越来越快。138 英尺以下是美国南北战争时期的雪;2 500 英尺以下是伯罗奔尼撒战争时期的雪;5 350 英尺以下的则是拉斯科的岩洞画家屠宰野牛时代的雪。在冰层的最底端,10 000 英尺以下的雪是 10 万多年前,末次冰期开始之前落在格陵兰岛中心区域的。

　　雪被压紧时,其晶体结构就会发生变化,由此转化为冰。(2 000英尺以下,冰承受的压力很大,以至于处置稍有不当,提取到地面的样品就将发生断裂,严重的甚至还会爆炸。)当然,在大多数情况下,冰层中的雪仍保持不变,化作降雪时期的气候遗迹。从格陵兰岛的冰层里,我们可以找到早期原子试验留下的原子尘、喀拉喀托火山的火山灰、古罗马熔炉的铅污染,还有冰期从蒙古吹来的灰尘。每一层都包含着一些微小气泡,其中充满了被封住的空气,因此每一个气泡都可以被视为过去时代的大气样品。

　　我们对于过去10万年地球气候的许多知识,都来源于人们在格陵兰岛中心地区钻出来的冰芯,而这些冰芯都是沿着“分冰岭”(ice divide)取样的。由于夏季雪和冬季雪的差异,格陵兰岛冰芯的每一层冰层都可以被单独地标注上时间,就好像树木的年轮一样。然后,通过分析冰的同位素构成,我们就有可能弄清每一层冰层形成之时的天气到底有多冷。过去的十年里,格陵兰的三处冰芯已经钻到了将近2英里深。这些冰芯推进了人们对于气候运行模式的全面反思。过去我们认为气候系统只是随着冰期变迁而变化,然而现在人们发现,气候系统有可能发生难以预测的突然逆转。大约在12 800年前,就发生过一个被称为“新仙女木事件”(Younger Dryas)的逆转。当时,一种名叫宽叶仙女木(*Dryas octopetala*)的小型北极植物突然重新出现在了斯堪的纳维亚。其时,正在迅速变暖的地球又猛降回冰河时代的环境条件中。随后的全球气候保持了12个世纪的寒冷方才回暖,而升温的速度甚至比之前变冷还要快。短短的十年时间里,格陵兰岛的年平均气温已经飙升了将近20华氏度。

　　格陵兰岛冰芯作为一种连续的温度记录,能够提供截至末次冰
期开始时的可靠信息。从其他地方搜集来的气候记录表明,前一个
间冰期,即艾姆(Eemian),比当前的全新世(Holocene)要温暖一
些。气候记录也同时表明,彼时的海平面至少要比今天高出 15 英　51
尺。有种理论将之归因为西南极冰原的坍塌。另一种理论则认为
格陵兰岛的融水要对此负责。(海冰融化并不影响海平面的升降,
因为漂浮在水面上的冰,已然代替了等量水的体积。)总的来说,格
陵兰岛冰原所保存的水足以使全球海平面上升 23 英尺。美国国家
航空航天局的科学家已经计算出,在 20 世纪 90 年代,格陵兰岛冰
原尽管在中心区域有所增厚,但整体上正以每年 12 立方英里的速
度萎缩。

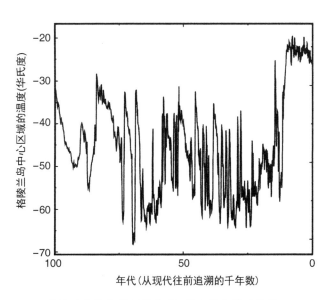

格陵兰岛的气候记录表明,温度常会剧烈震荡。
引自《两英里时间机器》,载 K. Cuffey 和 G. Clow,
《地球物理研究通讯》,第 102 卷(1997)

　　杰伊·齐瓦利是美国国家航空航天局的科学家,致力于"冰云与陆地抬升卫星"这一卫星项目的研究。他身材矮胖,有着一张圆脸,喜欢露齿绽开顽皮的笑容。齐瓦利是斯特芬的朋友。大约十年前,为了研究冰原抬升带来的变化,他想到在瑞士营周围安装全球卫星定位系统接收器。我到瑞士营去的时候,他碰巧也在那儿。访问的第二天,我们曾一起登上摩托雪橇车,出发去 JAR I(雅各布港消融地区)重新安装一个卫星定位接收器。整个旅程大约有 10 英里。途中,齐瓦利告诉我,他曾经看到过间谍卫星拍摄的我们途经地区的照片。照片显示,雪的下面到处都是裂缝。随后,我向斯特芬问及此事,他告诉我他曾经借助探底雷达探测过这个地区,但没有发现任何有裂缝存在的证据。对于二人的说法,我至今也不知道该相信谁的。

　　重新安装齐瓦利的卫星定位接收器需要架起一连串的杆子,因此这一工程需要在冰面上钻一连串 30 英尺深的洞眼。钻孔工作不是依靠机械而是用热学方法来完成的。他们使用的是蒸汽钻机,由一个丙烷炉、一个钢槽和一段长橡皮软管组成。在场的每一个人,包括斯特芬、齐瓦利、研究生和我在内,都要轮流操作。当橡皮软管不断深入时,我们要牢牢地抓紧它。这一行为让我们想起冰钓。75 年前,就在离 JAR I 不远的地方,提出大陆漂移理论的德国科学家阿尔弗雷德·魏格纳在一次气象探险中遇难。他被埋在了冰原下面,瑞士营中流传着一个有关碰到他身体的玩笑。当钻机下行时,一个研究生曾大叫道:"是魏格纳!"第一个洞比较迅速地钻成了,此时大家决定午休,但后来证明这个决定下得过早。一个洞除非灌满了水,否则便会被重新堵上,从而失去使用价值。很显然,冰层中存在着缝隙,因为在接下来试钻的几个洞里,水不断地渗漏出去。

我们最初计划钻三个洞,但六个小时过去了,只钻成了两个。当然,最终大家商量后认为两个洞已经够用了。

虽然齐瓦利原本计划探寻冰原抬升的问题,但他最终发现的现象更为重要。卫星定位系统的数据显示,当冰原融化时,与其说是它的高度下降了不如说是它开始加速移动了。1996年夏天,瑞士营周围的冰以每天13英寸的速度移动,到了2001年,则已经加速为每天20英寸。冰之所以加速,据说是因为表面的融水渗入了冰层底部,由此发挥了润滑剂的作用。(在此过程中,融水使裂缝扩大,进而形成了被称为"冰川锅穴"的冰下隧洞。)齐瓦利的测量也表明,冰原在夏季会抬升6英寸,这就表明冰原正漂浮在水垫之上。

在末次冰期的末期,北半球大部分地区的冰原在数千年的时间里渐渐完全消失了——相比冰原形成漫长的时间,其消失所用的时间真是短暂得惊人。在大约14 000年前,冰原融化得如此迅速,以至于海平面以每十年超过一英尺的速度不断上升。对于这一情况的原因,我们尚不完全明了,但格陵兰岛冰原的加速移动提示了另一个反馈机制的存在:一旦冰原开始融化,它便开始加速移动,这也就意味着冰原变薄的过程开始加速,进而又促使冰原进一步融化。离瑞士营不远便是著名的冰河——雅各布港冰川。1992年,雅各布港冰川以每年3.5英里的速度流动;到了2003年,它的速度已经提高到每年7.8英里。(最近测量南极半岛冰河流动的科学家也发布了类似的研究结果。)在齐瓦利发现的基础上,美国国家航空航天局负责二氧化碳影响研究的官员詹姆斯·汉森在20世纪70年代提出,如果温室气体的排放不能得到控制,那么格陵兰岛冰原的完全融解很可能在几十年内就会启动。虽然整个过程可能会持续数百年,然而一旦开始,它就会自我加速,由此也就几乎不可能被

53

54

阻止。在 2005 年 2 月出版的《气候变化》杂志上，当时已是戈达德太空研究所负责人的汉森在一篇文章中写道，他宁愿相信自己对冰原的看法是个误解，但又随即补充道："我对此表示怀疑。"

我在瑞士营的时候，有关全球变暖的灾难片《后天》正在影院上映。一天晚上，斯特芬的妻子拨通了营地的卫星电话，告知丈夫她已经带着两个十几岁的孩子观看了这部电影。她说，可能是由于家庭的关系，每个人都非常喜欢这部影片。

《后天》的奇思妙想在于，它设想全球变暖将会导致全球冰冻。电影一开始，一大块面积相当于罗德岛的南极冰层突然融化。（类似的情况在现实生活中也发生过：2002 年 3 月，Larsen B 冰架曾发生坍塌。）接下来发生的很多状况，诸如突然到来的冰河世纪，以及从高空降下的飓风，虽然在科学层面上不太可能，作为一个隐喻却可以存在。格陵兰岛冰原中保存的记录表明，我们有关气候状态相对稳定的经验实际上只是个例外。在末次冰期，即便世界上的大部分地区都被冻结了，格陵兰岛地区的平均温度也仍然会频繁地以 10 华氏度为单位忽上忽下，就像新仙女木期的情况一样。没有人知道究竟是什么导致了过去气候的突然改变，但众多的气候学家猜测，这可能与被称为"热盐环流"的洋流模式的变化有关。

"当海冰冻结，盐分就从气孔中析出，盐水被排出。"斯特芬向我解释道。那天，我们正站在离营地不远的冰面上，试图克服大风的呼啸声进行谈话。"盐水比较重，所以开始下沉。"同时，在蒸发和冷却的共同作用下，当水从热带流向北极时，密度也逐渐变大；于是在靠近格陵兰岛的地方，巨量的海水不断地下沉到海底。这一过程导致的最终结果是，更多温热的海水从热带流向两极，从而建立

55

起一条将热量传遍全球的"输送带"。

"这是全球气候的能量引擎。"斯特芬继续说道。"它有一个原动力：下沉海水。如果你把这个旋钮转开一点儿，"他一边模拟着打开浴缸水阀的动作一边说，"在能量再分配的基础上，我们可以预估重要的温度变化。"打开水阀的办法之一便是加热海洋，事实上这一过程已经开始了。另一个办法则是向两极的海洋注入更多的淡水，这一过程同样也已经发生。不仅格陵兰岛沿海的径流量有所增加，而且流入北冰洋的河水量也在增长。监测北大西洋的海洋学家已经证明，北大西洋的盐度在最近几十年内已经大大降低。人们认为，在未来的一个世纪里，热盐环流不太可能完全中止。但如果格陵兰岛冰原开始融解，这一中止的可能性就不能被完全排除。哥伦比亚大学拉蒙特-多尔蒂地球观测站的地球化学教授华莱士·布罗克把热盐环流称为气候系统的"阿喀琉斯之踵"。如果热盐环流停止了，尽管整个地球正在持续变暖，但像英国这样本来受墨西哥湾暖流影响极大的地域，则可能变得更寒冷。

我在瑞士营的时候，正值极昼天气，太阳从不落山。营地通常在晚上 10 点或 11 点提供晚餐，随后大家围坐在厨房的临时餐桌旁，边喝咖啡边谈话。（酒由于分量比较重，且严格来说不是必需品，因此比较短缺。）一天晚上，我问斯特芬，在他眼中十年后的这个季节，瑞士营的环境将是怎样的。"未来十年，我们看到的信号将会越来越明显，因为我们又经历了十年的温室加热。"他说。

齐瓦利插话道："我预言十年后，我们将不会在这个季节到这儿来。因为我们没办法这么晚再来了。说得明白些，我们将面临大麻烦。"

56

57

无论是因为性情还是因为所受的训练,斯特芬都不愿意对格陵兰岛或北极地区的明天做出具体而明确的预言。他通常在发表谈话之前提醒人们,大气环流方式可能正在发生某种变化,它可能抑制温度上升的速度,甚至可能(至少是暂时性地)完全逆转它。当然,连他也强调"气候变化已实实在在地发生了"。

"如今这一变化并未显示出其戏剧性,这也是人们没有真正做出反应的原因。"他告诉我,"但也许你能够把这些消息传达给普通人,对于我们的孩子或者孩子的孩子来说,气候将出现戏剧性的变化——这一风险大到我们不得不重视。"他补充了一句:"现在已经是凌晨5点了。"

我在瑞士营的最后一个晚上,斯特芬带来了他从气象站下载的数据,并用笔记本电脑的各种程序对其进行分析,从而计算出上一年营地的平均温度。数据显示,这是自营地建成以来温度最高的一年。当斯特芬在厨房的餐桌旁向人群宣布这一消息时,没有任何人表现出哪怕一点点的惊讶之情。

那天晚上,营地很晚才开饭。在探险队员完成另一次钻孔立杆后返程的路上,一辆摩托雪橇车着火了,人们只好将它拖回了营地。当我最终回到自己的帐篷中准备睡觉时,我发现帐篷下的雪已经开始融化了,地面中央出现了一个大水坑。我去厨房拿来纸巾想要将水吸干净,但水坑太大了,我最终决定放弃。

至少就全民关注度来说,没有哪个国家会比冰岛更关注气候变化。这个国家有10%以上的土地被冰川覆盖,其中最大的瓦特纳冰原绵延了将近3 200平方英里。在所谓的"小冰期"(Little Ice Age,对于欧洲来说,这一时期始于大约500年前,而后持续了大约350

年),冰川面积的不断拓展给大部分地区带来了苦难。当时的记录告诉我们,其时的农场为冰雪所覆盖——"冰冻和严寒折磨着人们",冰岛东部一个叫奥拉维尔·埃纳尔松的牧师写道。在那些气候条件异常恶劣的年头,船运也被迫停止了,因为即便是在夏天,岛屿也处在冰封的状态之中。据估计,18 世纪中期,这个国家大约三分之一的人口死于饥饿和由寒冷导致的种种疾病。由于很多冰岛人的家谱都能追溯到 1 000 年前,因此这段历史自然被视作是近代史。

奥杜尔·西于尔兹松是冰岛冰河学协会的领导人。在一个黑暗而又沉闷的秋日下午,我来到雷克雅未克的冰岛国家能源局总部,去他的办公室拜访。不时有浅黄色头发的小孩跑进来,朝桌子底下张望,然后又咯咯笑着跑出去。西于尔兹松解释道,雷克雅未克公立学校的老师正在罢工,因此他的同事只能带着孩子来上班。

冰岛冰河学协会是一个完全由志愿者组成的组织。每年秋天,当夏季融雪季节结束,他们便开始测量全国三百多处冰川的面积,然后整理成报告,最后由西于尔兹松收集在彩色的活页夹里。这个组织成立于 1930 年。在其成立早期,志愿者大多是农民。他们通过修建堆石界标和步测到冰川外缘的距离来丈量数据。如今,这个协会的成员来自各行各业——其中还有一位退休的整形外科医生。他们使用卷尺和铁杆来丈量,因此数据也就更为精准。可以说,一些冰川长期以来都是由同一个家族的成员进行测量的。1987 年,西于尔兹松当上了这个团体的负责人。就在那时,一位志愿者告诉他说自己准备退出协会了。

"他都快九十岁了,我这才意识到他年事已如此之高了,"西于尔兹松回忆道,"他的父亲曾在我们这工作,后来他的侄子又接替了他。"另一位志愿者自 1948 年起就负责监测瓦特纳冰原的一部分。"他也八十岁了，"西于尔兹松说，"如果碰到一些超出了他阅历所及的问题，我就去问他的母亲。老太太今年已经一百零七岁了。"

与北美自 20 世纪 60 年代便开始逐渐萎缩的冰川相比，冰岛的
60 冰川从 70 年代到 80 年代一直都在增长。然而，到了 90 年代中期，它们也开始萎缩了。西于尔兹松取出记录有冰河报告的笔记本，里面有很多黄色的表格。他将笔记本翻到有关索尔海玛冰川的那个部分。这是从更大的米尔达斯冰川伸出的一个舌形冰岬。1996 年，索尔海玛冰川悄悄地萎缩了 10 英尺。1997 年，它又回撤了 33 英尺。到了 1998 年，又萎缩 98 英尺。此后的每一年，它萎缩得更多。2003 年达到了 302 英尺，2004 年是 285 英尺。总的算来，如今的索尔海玛冰川（名字的含义是"太阳之家"，指的是附近的一个农场）已经比十年前萎缩了 1 100 英尺。西于尔兹松拿出了另一本夹满了幻灯片的笔记本，找出一些索尔海玛冰川最近的图片。冰川的末端是一条宽阔的大河。索尔海玛冰川后退时留下的一块巨大岩石伸出了水面，就好像一条被废弃的轮船的船体。

"通过这片冰川，人们可以描述当下的气候状况，"西于尔兹松说，"它比最为灵敏的气象测量还要灵敏。"他把我介绍给他的同事克里斯蒂安娜·埃索斯多蒂尔。我后来才知道，她正是冰岛冰河学协会创立者的孙女。克里斯蒂安娜密切关注着雷达尔冰川，即便抄最近的路到达那里，也需要四个小时的跋涉。我向克里斯蒂安娜问
61 及这片冰川的现状。她回答道："哦，和其他很多冰川一样，它正变得越来越小。"西于尔兹松告诉我，根据气候模型的预测，到 22 世纪末，格陵兰岛将基本解冻。"除了在最高的山峰上留有一些小小的冰帽，大片大片的冰川都将成为历史。"据说，冰川已经在格陵兰岛

上存在了至少200万年。"也许更久。"西于尔兹松说。

2000年10月,在阿拉斯加州巴罗市的一所中学里,来自八个北极区国家(美国、俄罗斯、加拿大、丹麦、挪威、瑞典、芬兰和冰岛)的官员聚集在一起,共同讨论了全球变暖的问题。会议宣布了一项由三部分组成、投入200万美元、针对这一地区气候变迁的研究计划。2004年11月,研究的前两部分(一份大部头的技术文件和一份140页的摘要)被提交给在雷克雅未克召开的研讨会。

就在与西于尔兹松交谈的第二天,我参加了这次研讨会的全部议程。除了将近300位科学家,会议还吸引了相当多北极当地的居民群体参与,其中包括了饲养驯鹿的人、以打猎为生的人以及因纽特猎物委员会等团体的代表。在一大堆衬衫和领带中间,我看到了两个穿着萨米人鲜艳束腰外衣的男人和一些穿着海豹皮背心的人。会议议题不停地变换,从水文学到生物多样性,从渔业到森林,不一而足。然而,这些议题都传递着相同的信息——无论你从哪一方面看,北极地区的环境都在发生变化,并且变化的速度之快,连那些原本就预见到气候变暖的人都感到惊讶。美国海洋学家、国家科学基金的前副会长B. 罗伯特·科雷尔负责协调这项研究。他在开场白中一一提及了研究的各项发现——包括萎缩的海冰、收缩的冰川、融化的永冻土,最后他以下面的话作结:"北极的气候正在迅速变暖,需要强调的是,时间就是现在。"科雷尔还说,尤其惊人的是来自格陵兰岛的最新数据。根据数据显示,冰原的融化速度"远比十年前我们预想的要快得多"。

全球变暖通常被描述为一项科学争论——也就是说,一种正确性尚待证明的理论。研讨会的开幕式持续了九个多小时。在此期间,众多发言者强调了全球变暖及其影响(关于热盐环流、植物分布、嗜冷物种的生存,还有频繁发生的森林火灾等)的不确定性。然而,这种对于科学话语来说十分基础的质疑,并没有延伸到二氧化碳和日益增长的温度之间的关系上。这项研究的主要摘要清楚地表明,人类已经成为影响气候的"主导因素"。在下午的茶歇时间,我碰见了科雷尔。

"如果说这间屋子里有300人,"他说,"我想,其中认为全球变暖只是一个自然进程的人,你连五个都找不到。"(这次会议上,我与20多位科学家进行了交谈,其中没有一个人以自然进程来描述气候变暖。)

有关北极气候研究的第三部分,即所谓的政策文件,在研讨会期间尚未完成。按照设想,这部分主要讨论的是应对先前科学发现的实践步骤大纲,其中大概也包括了减少温室气体排放的提议。这份政策文件之所以未能完成,是因为美国政府的谈判人不同意其他七个北极国家的很多措辞。(几个星期后,美国同意了一份措辞含糊的声明,呼吁采取与此问题做斗争的"有效"行动——但不是强制性的行动。)美国政府的这一顽固立场使得出席雷克雅未克会议的其他美国人感到非常尴尬。只有很少一部分人半心半意地维护着小布什政府的立场,包括众多政府雇员在内的人则对此持批判态度。科雷尔有针对性地提到,20世纪70年代之后消失的海冰面积,相当于"得克萨斯和亚利桑那的面积总和。做这个类比的原因非常明显"。

那天晚上,就在饭店的酒吧里,我和一个名叫约翰·基奥加克的因纽特猎人聊了起来。他住在加拿大西北部的班克斯岛,位于北极圈以北大约500英里的地方。他告诉我,他和同伴开始注意到气

63

候变迁是在 20 世纪 80 年代中期。几年前,这里的人们第一次看到知更鸟,而当地的因纽特语甚至还没有关于这种鸟的词汇。

"我们想,哎呀,天气一点点地暖起来啦,"他回忆道,"你知道最初这种暖冬似乎不错。但现在一切都变化得实在太过迅速了。我们在 20 世纪 90 年代前期看到的现象,如今都已经加倍呈现。 64

"在卷入全球变暖的人群中,我想我们可能是受影响最大的,"基奥加克继续说道,"我们的生活方式、我们的传统,也许还有我们的家庭都受到了影响。我们的孩子不会再有未来。我指的是所有年轻人,因为气候变化不仅仅正发生在北极,也将发生在全世界。整个世界都变化得太快了。"

雷克雅未克的研讨会持续了整整四天时间。一天早上,会议议程表上写着"碳作为气候变迁对北极渔业资源影响的评估模式"等报告,而我则决定租辆汽车出去兜一圈。最近这些年里,雷克雅未克几乎每天都在扩展地盘。如今,这座古老的港口城市被一圈圈雷同的欧式郊区环绕。从汽车租赁点开出十分钟后,上述景象开始消失,我发现自己置身一片荒凉之中,那里没有树木,没有灌木,甚至也没有土壤。地面(从死火山或者休眠火山上喷发来的熔岩)像是刚刚才整平的碎石路面。我在惠拉盖尔济停车喝了杯咖啡,这里的玫瑰是在蒸汽加热的温室里培育出来的,而蒸汽则是直接从大地上排出的。再往前走,我进入了一座农场,这里仍然没有树木,但是有草地,羊正在吃草。最后,我到达了索尔海玛冰川的指示牌,西于尔兹松曾向我描述过它的萎缩。我拐弯转到了一条土路上,这条路顺着一条两边都是奇特山脊的棕色河流向前延伸。开了几英里之后,这条路也到了尽头,我只能靠步行前进。 65

当我到达可以瞭望索尔海玛冰川的地方时,天下起了雨。在昏暗的光线下,冰川看上去与其说是宏伟壮观的,还不如说是孤独凄凉的。冰川大部分都呈灰色,覆盖着一层黑色的沙砾。冰川在萎缩的过程中留下了一个个脊状的沉积堆。这些沉积堆是煤灰色的(黑暗而贫瘠),即便是生命力最顽强的本地小草也无法在上面扎根。我又四下找寻曾在西于尔兹松的照片上看到的巨石。它离冰川的边缘是如此遥远,以至于我一度猜想它是不是被水流移动过位置了。一阵寒风刮来,我开始下山。随后我想起了西于尔兹松对我说的话。如果十年之后我再回到此处,还站在脚下的这片山脊上,也许我就再也看不到冰川了。于是,我重新爬上山脊,再一次眺望冰川。

66

第四章

蝴蝶和蟾蜍

白钩蛱蝶（学名 *Polygonia c-album*，通常称为 Comma butterfly）一生中的大部分时间都处于伪装状态。幼虫阶段，它背下面的白垩条纹让它看起来活像鸟粪。到了成虫阶段，如果它折叠起翅膀，看起来便与一片枯叶毫无二致。白钩蛱蝶得名于它身体下面一个形状看起来像字母"C"的微小的白色标记。这个标记其实也是它伪装的一部分，有点类似树叶衰老枯萎时裂开的口子。

白钩蛱蝶产自欧洲。它的美国表亲是美东角纹蛱蝶和长尾钩蛱蝶。白钩蛱蝶也可以在法国找到，它在那里被叫作"魔鬼罗伯特"；在德国，它被称为"C形蝶"；荷兰人则叫它 Gehakkelde Aurelia。在英国，白钩蛱蝶到达了其分布范围的最北端。这一现象看似寻常——许多欧洲蝴蝶分布范围的边界都在英国，但从科学意义上来讲，却又是十分幸运的。

67　　英国人观察和收集蝴蝶已经有几个世纪的历史了。大英自然博物馆收集的部分标本可以追溯到 18 世纪。在维多利亚时代,民众业余爱好的热情高涨使得每个城市和众多小镇都建立了自己的昆虫协会。到了 20 世纪 70 年代,英国的生物记录中心决定将这种热情整合起来,开展一个名叫鳞翅类分布图计划的项目。项目的目标是将英国 59 种本土蝴蝶种类的分布情况制成精确的图表。1984 年,大约 2 000 多位鳞翅类学者参与了这一项目。研究成果经校对后,结集成了一本 158 页的地图集。每一个种类的蝴蝶都有自己的地图,图上用不同颜色的点标示出这一种蝴蝶在给定的 10 平方公里内被目击的次数。在白钩蛱蝶的地图中,它的分布范围从英格兰南海岸向北延伸,西至利物浦,东达诺福克。但是,这张地图几乎立即就失效了;在接下来的几年里,爱好者不断地在新的地区发现白钩蛱蝶。到了 20 世纪 90 年代,这种蝴蝶频频出现在英格兰北部的达勒姆附近。如今它更是已在苏格兰南部扎根,甚至在北方的苏格兰高地也发现了白钩蛱蝶的身影。白钩蛱蝶以每十年 50 英里的速度扩张着自己的地盘,新版蝴蝶地图的作者以"惊人"一词来形容其扩张速度之快。

　　克里斯·托马斯是约克大学专门研究鳞翅类昆虫的生物学家。
68　他又高又瘦,留着伊桑·霍克式的山羊胡子,和蔼又面带愁容。我碰到托马斯的那天,他刚从威尔士观察蝴蝶回来,坐进他的小汽车后,他对我说的第一件事就是很抱歉车里有湿袜子的味道。几年前,托马斯和他的妻子,以及他们的两对双胞胎,带着一条爱尔兰猎狗、一匹矮种马、几只兔子、一只猫和一些小鸡,搬到了位于约克谷威斯托镇的一座旧农舍里。尽管约克大学有好多间恒温室,白钩蛱蝶不仅可以生活在温控环境中,接受严格监控的日常饮食喂养,而且人们还可以对其进行连续不断地监测,但本着强调业余主义的英国精神,托马斯决定将他的后院改造为田野实验室。他在后院中播撒了从附近草地沟渠采集来的野花种子,还种植了将近七百棵树,等待着蝴蝶的出现。我到他家时正是仲夏时节,野花都开了,草长得极高,很多身陷其中的小树苗看起来就像是寻找父母的迷路小孩。约克谷地势平坦,在上一次冰期中,它是一个巨大湖泊的湖底。从院子放眼望去,托马斯遥指向将近 1 000 年前修建的塞尔比修道院的尖顶,还有 15 英里外英国最大的发电厂——德拉克斯发电厂的冷却塔。那天天空多云,由于蝴蝶不会在阴天里飞翔,我们就先进了屋。

　　托马斯忙着烧水沏茶,而后为我解析蝴蝶的两大种类。一种有"狭生性"(specialists)。这类蝴蝶需要特定的,有时甚至是独特的环境条件。其中包括了专食马蹄野豌豆的克里顿眼灰蝶(*Polyommatus coridon*)和在英格兰南部树木茂盛处的树顶飞翔的紫闪蛱蝶(*Apatura iris*)。另一种蝴蝶则有"广生性"(generalists),这种蝴蝶对生存环境相对不太挑剔。就英国的广生性蝴蝶来说,除了白钩蛱蝶,大约还有十种蝴蝶广泛分布在英国南部,其生存范围最远可及英国中部。托马斯告诉我:"从 1982 年开始,每种蝴蝶的活动范围的边界都向北移动了。"若干年前,托马斯与来自美国、瑞典、法国、爱沙尼亚等国的鳞翅学家合作,对在欧洲达到其生存地域最北界限的广生性蝴蝶的所有相关研究进行了调查。这项调查总共考察了 35 种蝴蝶。科学家发现,在最近数十年里,其中 32 种的活动范围已经北移,只有一种向南移动。

　　过了一会儿,太阳出来了,我们又回到户外。托马斯那条体形相当于一匹小马的猎狗雷克斯跟在我们后面,重重地喘着气。五分钟里,托马斯认出了莽眼蝶(*Maniola jurtina*)、荨麻蛱蝶(*Aglais urticae*)和暗脉菜粉蝶(*Pieris napi*)。上述蝴蝶品种打从有蝴蝶记录开始时就在约克郡周围飞舞。托马斯还发现了火眼蝶(*Pyronia tithonus*)和有斑豹弄蝶(*Thymelicus sylvestris*),而这两种蝴蝶不久

70 之前还被人们认定是生活在约克以南地区的物种。"对于北部地区来说,我们目前看到的五种蝴蝶中,两种是入侵品种,"他说,"过去三十年中的某个时间节点,它们的生存范围扩展到了这个地区。"几分钟后,他又认出了另一种正在草上晒太阳的入侵种群——白钩蛱蝶。由于翅膀收了起来,白钩蛱蝶呈现出枯叶般暗淡的棕褐色,但如果它的翅膀展开,则是亮橙色的。

很久以前,几乎从人们知道气候会发生变化开始,人们就认识到地球上的生命体会随气候而变化。1840 年,路易斯·阿加西出版了《冰川研究》,提出了冰期的相关理论。到了 1859 年,达尔文将阿加西的理论整合进了自己的进化论。《物种起源》一书临近结尾有一个章节叫"地理分布",达尔文在其中描述了生物的大规模迁徙,他将迁徙的原因归结为冰川的拓展和萎缩:

> 寒期到来的时候,南方地区变得更适合北极生物的生长,而从前生长在这里的温带生物则不再适应当地的气候条件。最终,北极生物便会取代温带生物的位置。与此同时,温带生物则会向南迁移……气候回暖之时,北极生物便要向北方回撤,紧接着较温热地区的生物也开始向北撤退。当山脚的积雪

71 消融,北极生物便开始占据融雪后变暖的土壤,并随着温度增加而渐渐向山上迁徙。与此同时,它们的温带兄弟则开始启程

北上。

对于达尔文及其同时代人来说,上述说法必然是推测性的。正如冰期的存在必须依靠残存的遗迹(漂砾、冰碛、纹基岩等)来证明,地球上物种的演替和重新分布也只能靠零散的遗迹(比如分散的骨头、昆虫外壳的化石和古代花粉的遗存)来重现。虽然古生物学家和古植物学家已经发现了越来越多历史上物种应对气候变化的证据,但很多人仍想当然地认为,这个过程不可能被实时观察到。而现在这一假设已经被证明是错误的。

也许除了我们大多数人所生活的都市,无论在今日世界的任何角落,你都可能观察到类似白钩蛱蝶北扩这样的生物学变迁。例如,最近的一项有关纽约州伊萨卡附近青蛙的研究发现,六个青蛙种类中的四种,其鸣叫(也就是说交配)比从前至少提前了十天。而在波士顿的阿诺德树木园,春季开花灌木的盛花期则平均提前了八天。在哥斯达黎加,像彩虹巨嘴鸟(*Ramphastos sulfuratus*)这样的过去只生活在低地的鸟,如今已开始在山坡上筑巢了。在阿尔卑斯山,诸如挪威虎耳草(*Saxifraga oppositifolia*)和福地葶苈(*Draba fladnizensis*)这样的植物,已经爬上了山顶。在加州的内华达山脉,如今人们可以在比 100 年前海拔高 300 英尺的地方发现艾地堇蛱蝶(*Euphydryas editha*)。上面的每一个变化都可以看成是物种对地域环境变化的回应,它们都可以归结为地区的气候模式或是土地利用方式的转变,但对全部变化都有效的唯一解释则是全球变暖。

布莱德肖-霍尔茨阿普费尔实验室位于太平洋馆三楼的一角,这是坐落于尤金市俄勒冈大学的一座古怪而丑陋的建筑。实验室的一端是一间堆满了玻璃器皿的大屋子,另一端则是两间办公室。而两者之间是几间工作室,从外面看来很像是冷冻室。其中一间的大门上贴着一块手写的牌子,上面写着:"警告——如果你走进这间屋子,蚊子会通过眼球把你的血吸干!"

负责这间实验室的威廉·布莱德肖和克里斯蒂娜·霍尔茨阿普费尔都是进化生物学家,他俩合用一间办公室。早在密歇根大学读研究生时,他们就相互结识,如今则已结婚35年之久了。布莱德肖是一个灰发已显稀疏的高个男人,说起话来颇为严肃。他的桌上乱七八糟地堆着很多纸张、书本和杂志。有人来访时,他喜欢向别人展示自己奇特的收藏,其中包括一条晒干的章鱼。霍尔茨阿普费尔则身材矮小,金发碧眼。她的桌子非常整洁。

布莱德肖和霍尔茨阿普费尔从互有好感时起,就共同分享着对于蚊子的兴趣。1971年,他们建立了这间实验室。早期,他们养了几种蚊子,为了促其繁殖,需要提供一种被委婉地称为"血餐"的食物。而这种食物的来源是动物活体。在一段时间里,这一需求是由摄入镇静安眠剂的老鼠来满足的。但是,随着动物实验规则变得越来越严格,布莱德肖和霍尔茨阿普费尔不得不在两种做法之间做出选择:是给同一只老鼠重复服用镇静剂,还是间歇性地换用老鼠而让先前的那只老鼠醒来发现自己满身被咬,到底哪一种做法更为人道?最终,他们厌倦了诸如此类的问题,决定只养一种名叫北美瓶草蚊(*Wyeomyia smithii*)的蚊子,因为这种蚊子不需要吸血就能繁殖。于是,无论何时,布莱德肖-霍尔茨阿普费尔实验室总是养着10万只以上处于各个生长阶段的北美瓶草蚊。

北美瓶草蚊是一种小而无用的虫子。(布莱德肖以"懦弱无能"一词来形容它。)它的卵和灰尘简直难以区分,幼虫看起来像是

73

极小的白色蠕虫。成虫大约有 1/4 英寸长，飞起来就好像一个朦朦胧胧的黑色污点。只有在放大镜下仔细观察这种蚊子，你才能发现它的腹部实际上是银色的，两条后腿优雅地放在头上，就像空中飞人一样。

北美瓶草蚊的整个生命周期（从卵到幼虫到蛹再到成虫）几乎都是在一种植物体内完成的。这种植物叫紫瓶子草（*Sarracenia purpurea*），也就是我们通常所说的紫色猪笼草。这种紫色猪笼草生长在从佛罗里达州到加拿大北部的沼泽或泥炭沼泽中，它多褶羊角状的叶子直接从泥土中长出来，里面装满了水。春季，雌蚊子一次一个地产下卵，小心翼翼地将每一个卵放置在不同的猪笼草中。猪笼草是食肉的，当苍蝇、蚂蚁或者偶尔有小青蛙淹死在猪笼草中，它们的遗体正好为蚊子幼虫的成长提供了养料。（猪笼草并不自己消化食物，它把这项任务留给了细菌，而细菌并不伤害蚊子。）当幼虫长大为成虫，它们便重复上述过程。如果条件足够有利，一个夏天这一循环可以进行四五次。到了秋天，成虫相继死去，而幼虫则在一种滞育状态中度过冬天，完成了昆虫版本的冬眠。

对滞育期时间的精确把握对于北美瓶草蚊的生存至关重要，同时也对布莱德肖和霍尔茨阿普费尔的研究十分重要。与大部分昆虫依靠温度、食物供应等信号调节冬眠的情况不同，北美瓶草蚊依靠的是光信号。当幼虫察觉到日照时长缩短到某一阈值以下时，它们便停止生长和蜕皮；当感觉日照时长已经足够长的时候，它们就从停止的地方开始接着生长。

就光的阈值，即临界光周期来说，沼泽和沼泽各个不同。在瓶草蚊生长地域范围的最南端，即靠近墨西哥湾的地方，有利的环境条件使得蚊子一直到秋季还可以繁殖。一只典型的佛罗里达或者亚拉巴马瓶草蚊,只有当日照时长低至 12.5 小时后才开始冬眠,而此时这一纬度正好是 11 月上旬。与此同时,在瓶草蚊生长区域的最北端,冬天来临得比较早,马尼托巴湖瓶草蚊一般在 7 月下旬就进入冬眠,此时的日照时长已经降至 16.5 小时以下。读取光信号的能力是由基因控制的极易遗传的特性:基因决定瓶草蚊对日照时长做出反应的方式与其父母一致,即便它们生活在完全不同的自然环境中。(布雷德肖-霍尔茨阿普费尔实验室中有很多犹如冷冻室的屋子,每一间都包括了许多橱柜大小的储藏单元,他们在每一个单元中都装上了计时器和荧光灯。如此一来,人们便可在自己设定的日照时长下培育蚊子的幼虫。)20 世纪 70 年代中期,布莱德肖和霍尔茨阿普费尔向世人证明,生活在不同高度的瓶草蚊遵守着不同的光信号,高海拔的蚊子行为类似于高纬度的蚊子。这一发现在今天显得有些平凡,但在那个时候极其引人注目,足以登上《自然》杂志的封面。

76 　五年前,布莱德肖和霍尔茨阿普费尔开始思考,北美瓶草蚊是如何受到全球变暖的影响的。他们知道,在末次冰期结束后,这种蚊子就已经向北扩张了。此后的 1 000 年里,南北种群的临界光周期在某个时候发生了分化。如果气候条件再一次发生变化,那么,这种分化便有可能体现在滞育期的时间控制上。对此,这对夫妇所做的第一件事就是回过头去检查老数据,看看其中是否包含了一些他们从前没有留心的信息。

"老数据确实透露了类似的信息,"霍尔茨阿普费尔告诉我,"而且非常显而易见。"

当动物生命的常规周期发生改变时,比如说提早产卵或是推迟冬眠，人们可能给出许多种解释。其中一种解释便是，周期的改变体现了生物天生固有的灵活性。当环境发生变化，动物能够相应地调整它们的行为。生物学家将这种灵活性称为"表型可塑性"（phenotypic plasticity），这也正是大多数物种得以生存下来的关键。另一种可能的解释是，这种变化代表了更深层也更永久性的东西——有机体的遗传密码真的出现了重新调整。

从建立这间实验室开始，布莱德肖和霍尔茨阿普费尔已经搜集了整个美国东部和加拿大大部分地区的蚊子幼虫。过去，这对夫妇总是亲自出去收集蚊子样本，他们驾驶着货车穿越美国，车上装着为女儿准备的临时床铺，还有一间用于对搜集到的数千只蚊子进行整理分类、标记贮存的小型实验室。如今，他们通常让研究生出去搜集，不过研究生一般不开车，而更多的是乘坐飞机。（当然，学生已经认识到，背着一书包蚊子幼虫通过机场安检可能需要花上半天的时间。）

每一个亚群的蚊子都向人们展现出一定范围的光反应。布莱德肖和霍尔茨阿普费尔将临界光周期定义为一批样品中50%的蚊子从生命活跃期进入滞育状态的时间。每当收集到一批新的蚊子，他们就把幼虫放进培养皿里，然后把培养皿放进号称"蚊子的希尔顿酒店"的人工控制光源的盒子里，随后测量并记录下幼虫的临界光周期。

布莱德肖和霍尔茨阿普费尔在重新翻阅过去的资料文件时，仔细检查了那些至少测试过两次的蚊虫群。其中有一群来自北卡罗来纳州梅肯县的马湾沼泽。1972年，夫妇俩第一次从马湾沼泽收集蚊子时，他们的文件资料显示，蚊子幼虫的临界光周期是14小时21分钟。1996年，他们在同一地点收集了第二批蚊子。那时，幼虫

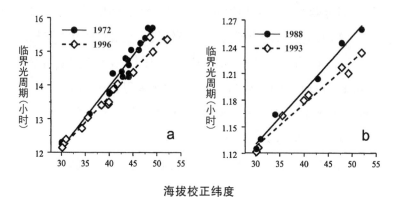

海拔校正纬度

北美瓶草蚊的临界光周期随着时间的推移而显著缩短,在纬度越高的
地方变化越明显。引自布雷德肖和霍尔茨阿普费尔,
《美国国家科学院院报》,第 98 期(2001)

的临界光周期下降到了 13 小时 53 分钟。布莱德肖和霍尔茨阿普
费尔发现,他们的文件资料中总共有十组不同亚群的比较数据——
佛罗里达有两组,北卡罗来纳三组,新泽西两组,亚拉巴马、缅因和
安大略省各一组。在每一组案例中,临界光周期总是随着时间的推
78 移而缩短。他们的数据还显示,地点越是靠北,变化就越大;回归分
析表明,生活在北纬 50 度的蚊子的临界光周期已经缩短了 35 分
钟,而滞育期则相应地推迟了 9 天。

对别的蚊子来说,这种变化可以被看成是有机体应对环境变化
时的一种可塑性。但对北美瓶草蚊来说,滞育期的时机选择不存在
灵活性,因为无论是暖是寒,这种蚊子所能做的只有解读光源一项。
由此,布莱德肖和霍尔茨阿普费尔认识到,他们观察到的这种变化
肯定具有遗传性。当天气变暖,那些到了深秋还保持活跃状态的蚊
子因此享受了一种选择性优势,这大概是因为它们能够为冬天多储
存几天能量。这些蚊子把这一优势传给了子孙后代。2001 年 12

月,布莱德肖和霍尔茨阿普费尔在《美国国家科学院院报》发表了
自己的研究成果。这样一来,他俩成了最早证明全球变暖已经开始　79
干预物种进化的学者。

　　蒙特维多雾林位于哥斯达黎加中北部,横跨蒂拉兰山脉。起伏
不平的地形加上从加勒比海上吹来的信风,使得这一地区的气候显
得极为多样。在不到 250 平方英里的地域里,一共有七个"生物
带",而每个生物带都有自身独特的植物品种。雾林四周都是陆地,
然而从生态学的意义上来说,它算得上是一个"岛"。和其他岛的
情况一样,它展现了高度的地方特殊性和生物特异性。举例来说,
在蒙特维多植物群中,大概足有十分之一是这一地区所独有的。

　　蒙特维多最为著名的地方性物种是(或者至少曾经是)一种小
蟾蜍。这种动物俗称"金蟾蜍",是由来自南加州大学的生物学家
杰伊·萨维奇正式发现的。萨维奇从一群居住在森林边上的教友
会教徒那里听说了这种蟾蜍。然而,据他后来的回忆,当他于 1964
年 5 月 14 日在一座高山的山脊上第一次碰见这种蟾蜍时,他的反
应仍是"难以置信"。蟾蜍大多是暗棕色、浅灰绿色或橄榄色的,而
这种蟾蜍的皮肤却如火焰一般呈橘色。萨维奇将这个新物种命名
为 *Bufo periglenes*,语出希腊词汇,意思是明亮鲜艳,而他发表在《发　80
现》杂志上的文章题名为"来自哥斯达黎加的一种奇特的新蟾蜍"。

　　由于金蟾蜍生活在地下,只在繁殖时才出现在地表,因此大部
分关于它的研究都与性有关。蟾蜍被确认为是一种"爆发性繁殖物
种"(explosive breeder)。雄蟾蜍从不划地而居、捍卫自己的领地,
而只会突袭任何出现在它眼前的雌蟾蜍,并寻找机会骑到它的身
上。["抱合"(Amplexus)是用来描述两栖动物交配的术语。]雄蟾

蛤的数量要远远超过雌蟾蜍,有些年头数量甚至达到十比一。这种情况通常会造成单身汉袭击正在抱合的蟾蜍,从而形成萨维奇形容的"扭动翻滚的一个个蟾蜍球"。金蟾蜍的卵是黑褐色的球体,通常被排放在仅仅一英寸深的小水塘里。仅仅几天后蝌蚪就孵化了,不过还需要四五个星期来完成从蝌蚪到蟾蜍的蜕变。在此期间,它们极端依赖天气条件。若雨水太多,它们就有可能被冲下陡峭的山坡;若雨水太少,它们待的水坑则可能干涸。金蟾蜍只出现在萨维奇最初发现它们之处的方圆几英里内,并且总是生活在海拔大约在4 900英尺到5 600英尺之间的山顶上。

1987年春天,一位特地到雾林研究金蟾蜍的美国生物学家,在临时的繁殖水坑里发现了1 500只金蟾蜍。那个春天异常温暖和干旱,大部分水坑在蝌蚪还没有来得及发育成熟时就已经蒸发干了。第二年,在从前的主要繁殖地,人们只发现了1只雄蟾蜍。而在几英里远的第二个地点则发现了7只雄蟾蜍和2只雌蟾蜍。再往后一年,在此前曾经发现金蟾蜍的所有地点,仅出现了1只雄蟾蜍。此后,人们再没有发现过金蟾蜍。普遍认为,经过几十万年的生存,如今金蟾蜍已然灭绝了。

1999年4月,蒙特维多保护区金蟾蜍保护实验室的负责人J. 阿兰·庞兹在《自然》杂志上发表了一篇有关金蟾蜍之死的文章。在文章中,他将金蟾蜍的灭绝和另外几种两栖物种的数目削减,以及雾林降水类型的变化联系了起来。这些年来,测不到降雨量的日子显著增加了,而这种变化正与云层海拔高度增加的情况相符合。在同一期《自然》杂志上的另一篇文章中,一群来自斯坦福大学的科学家汇报了他们模拟雾林未来的研究成果。他们预测,由于全球的二氧化碳水平还将继续上升,蒙特维多保护区及其他热带雾林的云层高度还将继续攀升。他们推测,这将迫使越来越多的高海拔物种"灭绝"。

当然,气候变迁(包括剧烈的气候变迁)本身就是自然秩序的一部分。对于地球上的植物群落来说,过去的200万年是特别动荡和不稳定的一段岁月。除了冰川周期带来的气候变迁,还有其他数十次气候突变,新仙女木期即是其中一例。 82

汤普逊·韦布三世是任教于布朗大学的古生态学家。他主要研究花粉颗粒和蕨类孢子,以此重现古代植物的生命状态。20世纪70年代中期,韦布开始建立北美湖泊花粉记录的数据库。(当一粒花粉落到地面上,它通常先氧化而后消失;但如果它被吹到水体上,就会沉到水底,混在沉淀物中保存数千年之久。)这个项目花了将近二十年才完成。最后结项时,其研究成果说明了美洲大陆气候发生变迁时生命体是如何重新安顿自身的。

就在我到尤金市拜访布莱德肖和霍尔茨阿普费尔的几个月后,我再度动身前往普罗维登斯,和韦布进行了交谈。他在学校的地理化学楼里有一间办公室和一间实验室。那天,他的一位研究助手正在实验室里仔细观察一场古代森林火灾遗留下来的碳颗粒。韦布从柜子里取出了一些载玻片,并把其中一块放在了显微镜的镜头下。大部分花粉颗粒的直径都在20微米到70微米之间。为了识别它们,韦布必须将这些花粉放大400倍。通过目镜,我看到了一个微小的球体,表面像高尔夫球那样布满了凹坑。韦布告诉我,我看到的是一颗桦树花粉颗粒。随后他换上了另一块载玻片,又一个微小的高尔夫球对在了显微镜的焦点上。这是山毛榉花粉,韦布解 83 释道,根据花粉上有一组三分的凹槽可以辨认出。"你看,它们是完全不同的。"他对比着两种颗粒说道。

过了一会儿,我们来到了韦布的办公室。他在计算机上调出了一个名叫花粉观看器 3.2 的程序,紧接着一幅公元前 19000 年的北美地图出现在了屏幕上。在那段时间里,末次冰期的冰原拓展到了最大范围。这幅地图显示,劳伦太德冰原覆盖了整个加拿大地区,还有新英格兰的大部分地区和中西部地区的北部。由于大量的水被冻结在了冰里,那时的海平面比现在要低 300 英尺。地图上的佛罗里达州看起来像个又短又粗的节疤,宽度相当于今天的两倍。随后,韦布又点击了"运行"指令,时间以 1 000 年为单位推进。冰原收缩了。加拿大中部形成了一个巨大的湖泊——阿加西湖,数千年后,湖泊干涸。五大湖出现,进而加宽。到了大约 8 000 年前,开阔的水面终于出现在了哈得孙湾地区。海湾随后又开始收缩,因为先前在冰原重压之下的陆地正在反弹。

韦布点击了一个下拉菜单按钮,菜单上列着数十种乔木和灌木的拉丁语名字。他选择了松树(*Pinus*),然后点击"运行"。深绿色的斑点开始在大陆上移动。程序显示,21 000 年前,松树林覆盖了冰原南部的整个东海岸。10 000 年后,松树集中分布于五大湖周围,而今天松树则主要分布在美国东南部和加拿大西部。韦布又点击了橡树(*Quercus*),一个相似的程序随之启动,但橡树的移动方式与松树大相径庭。他还点击了山毛榉(*Fagus*)、桦木(*Betula*)和云杉(*Picea*)。当地球变暖,大陆从冰川中逐渐显露出来时,每一个树种都发生了迁移,但任何两种树木的移动轨迹都不是完全一样的。

"你得记住气候是多变的,"韦布解释道,"植物不仅要应对温度和湿度的变化,还必须应对季节性差异的变化。比如,更干燥的冬季与更干燥的夏季就存在着很大的差异,因为一些物种适应春天,而另一些则更适应秋天。每一个现有的植物群落都是一个特定的混合体。如果气候开始变化,温度发生变化,其他如湿度、降雨时间、降雪量等气候条件也都将发生变化。然而,植物物种却并不会随之一起变动,因为它们不能动。"

韦布指出,他们预测下个世纪的气候将会变暖,其变化幅度大约和末次冰期与现在的温差相当。"你知道那将给我们的世界带来完全不同的景观。"我问他这一全新的景观将是怎样的,他说他也不知道。三十多年的研究结果告诉他,当气候发生变化,物种通常会以一种出人意料的方式迁移。在短期内,也就是在他的有生之年,韦布说他预期现有的物种秩序将会瓦解。

"人类有一种关于进化等级的奇怪想法,认为由于微生物是最 85 先出现的,因而也就是最为原始的。"他说,"然而,你完全可以认为,微生物由此获得了许多有利的条件,因为它们能够更快地进化。气候将生物和生态系统置于压力之下,一方面,它为入侵物种提供了机会;另一方面,它也为疾病提供了机会。我想我已经开始思考:思考死亡。"

如今,我们地球上的任何一个物种(其中也包括我们自己)都是过去灾难性气候变化的幸存者。然而,就算在一次或者数次气候变化中幸存下来,它也并不能保证这些物种能在下一次灾难中幸存。拿那些曾经主导了北美景观的巨型生物群(比如 750 磅重的剑齿猫科动物、巨型地獭和 15 英尺高的乳齿象)来说,它们都挺过了数个冰期循环,但在全新世的开端,当某些气候条件发生变化时,它们却几乎同时灭绝了。

过去的 200 万年里,即使地球的温度曾经大幅变化,它也一直保持着某种限度：这个星球一般比现在冷，很少比现在暖，要变暖也只是稍微有点暖。如果地球以现在的速率继续变暖，那么，到21世纪末，其温度便会超出自然气候变化的"极限"。

86　　同时，由于我们自己的原因，今天的世界已经变成了一个完全不同的（在很多情况下是衰退的）世界。国际贸易引进了国外的害虫和竞争生物；臭氧层的变薄加速了地球暴露在紫外线中的过程；过度捕猎和采伐使得很多物种濒临灭绝或者已经灭绝。也许更为重大的是，人类的活动以诸如农场、城市、住宅小区、矿山、林场和停车场等形式，不断减少着可供动植物栖居的地盘。G. 拉塞尔·库普是伦敦大学地理系的客座教授，也是世界上研究古代甲虫的顶级权威之一。他告诉人们，在气候变化的压力下，昆虫已经进行过长途迁徙。例如，浮雕圆胸隐翅虫（*Tachinus caelatus*）是一种更新世寒冷期在英格兰地区常见的暗棕色小甲虫，如今却只能在5 000英里以外蒙古乌兰巴托以西的山区才能找到。但是在今日碎片化的景观中，对于长距离迁徙是否仍然有效，库普持怀疑态度。库普写道，今日的许多生物都生活在与"海岛或者偏远山顶"性质相似的地区，"由于我们对生物的迁移强加了许多新的限制，因此对于推测这些生物未来将如何应对气候变化，我们有关这些生物历史上所做反应的知识也许将毫无用处。麻烦的是，我们已然搬动了球门的门柱，因此也就开始了一场规则全新的球赛"。

　　几年前，来自世界各地的19位生物学家准备对全球变暖将要
87　引发的生物灭绝的威胁做出"首次"预测。他们收集了1 100份动植物物种的数据，样本搜集区域覆盖了地球表面大约五分之一的面积。然后，他们基于温度、降雨等气候变量确定了物种当前的分布范围。最后，他们计算出在气候变暖的不同情境下有多少物种的

"气候极限"尚未被突破。2004 年,这一研究成果发表在《自然》杂志上。在相对中庸地估计温度升高幅度的情况下,生物学家推断,假定抽样地区的物种是高度流动迁徙的,那么到 21 世纪中期,它们中的 15%将"灭绝";如果这些物种的活动范围基本上是固定的,那么多达 37%的物种将可能灭绝。

黑珠红眼蝶(*Erebia epiphron*)是一种圆形翅膀边缘长着橙色和黑色斑点的暗褐色蝴蝶。它以食用一种名叫席草(matgrass)的粗糙穗状草本植物为生,并以幼虫的状态过冬,而成虫只拥有 1 到 2 天的极为短暂的寿命。作为一种山区物种,它只生存于苏格兰高地海拔超过 1 000 英尺的地方,或者生活在更靠南的海拔超过 1 500 英尺的英国湖区。

克里斯·托马斯与约克大学的同事们合作,已经监测黑珠红眼蝶和其他三种蝴蝶好几年了。其他三种蝴蝶分别是艾诺红眼蝶(*Erebia aethiops*)、图珍眼蝶(*Coenonympha tullia*)和白斑爱灰蝶(*Aricia artaxerxes*),它们差不多都分布在英格兰北部和苏格兰的几个地区。2004 年夏天,这个研究项目的参与者访问了这些"狭生性"蝶种曾经被目击的近 600 个地点。第二年,他们又重复了这一旅程。然而,要证明一个物种栖息地的收缩远比证明它的扩张困难得多。到底是它们真的飞走了,还是我们错过了它们？然而,初步的证据已经表明,这些蝴蝶已经从低海拔的地方——也就是说更暖和的地方消失了。我拜访托马斯的时候,他正准备带着家人去苏格兰度假,并计划去重新核查其中的一些目击地点。他坦言:"这是一趟没有休息的假期。"

我们在后院一边溜达一边寻找白钩蛱蝶的时候,我问托马斯,作为这项生物灭绝研究的主要作者,他对所看到的变化做何感想。他告诉我,他觉得由气候变化所提供的这次研究机会是令人兴奋的。

他说:"在很长的一段时间里,生态学都在试图解答为什么物种的分布会是现在这个样子,为什么一个物种可以在此处生存却不能在彼处存活,为什么一些物种的分布范围极小而另一些则非常广阔。我们一直以来的问题是将生物的分布状态看成是静态的。我们不能看见分布范围边界的变化过程是如何发生的,不知道究竟是什么在驱动着这些变化。一旦所有的东西都开始移动,我们便开始明白:气候是决定性因素吗? 还是有其他因素,比如物种之间的相互影响? 当然,如果你想到过去100万年的历史,如今我们就有机会去尝试理解过去物种是如何应对的。从纯粹的学术角度来看,展望每一物种分布范围变化,以及来自全世界物种的新混合逐渐组成的新生物群落,都是极为有趣的话题。"

他继续说道:"但另一方面,鉴于物种可能灭绝的结论,对我个人来说,这将是一种严肃的关注。如果全球四分之一的物种将因为气候变化而面临灭绝的危险(人们常说'像金丝雀'),如果我们剧烈地改变了生态系统,那么我们便不得不担忧自然生态系统所提供的那些服务是否还能继续下去。从根本上说,我们种植的所有作物都是生物物种,所有的疾病都是生物物种,所有的疾病携带者也都是生物物种。如果有绝对的证据表明物种正在改变它们的分布情况,那么我们也同样可以预见作物、害虫和病菌分布的改变。我们只有一个地球,但我们正在将它带进一条从根本上说前途未卜的发展轨道。"

第二部分

人　类

第五章

阿卡德诅咒

　　阿卡德帝国是世界上第一个帝国，大约建立于 4 300 年前，地处底格里斯河和幼发拉底河之间。阿卡德皇帝萨尔贡建立这个帝国的细节，以一种介乎于历史与神话之间的形式流传至今。虽然萨尔贡（阿卡德语为 Sharru-kin）几乎肯定是一个篡位者，但这个名字的本义是"真正的王"。据说，萨尔贡和摩西一样，在还是婴儿的时候在一只漂浮于河上的篮子里被人们发现。长大后，他成了基什（古巴比伦最强大的城市之一）统治者的侍酒官。萨尔贡梦见他的主人乌尔扎巴巴将会被女神伊南娜淹死在血河里。乌尔扎巴巴听说了这个梦后，决定除掉萨尔贡。这一计划最终为何会落空，我们不得而知，因为人们从未找到过与这一故事结尾相关的任何文本。

　　直到萨尔贡在位，巴比伦的城市大多都是独立的城邦。基什、吾珥、乌鲁克和乌玛的情况都是如此。有时它们也短暂地结为联

93 盟。现存的楔形文字泥板证明,当时曾有过政治联姻和外交礼物。当然,大多数时候这些城邦还是处在不断的相互征战之中。萨尔贡首先征服了巴比伦众多不易征服的城市,而后又攻克(或者至少说洗劫)了今天位于伊朗境内的埃兰等地。他在阿卡德城发号施令,统治整个帝国,该城的遗址一般被认为在巴格达的南部。据记载,"在他的军队驻地,每天有 5 400 人用餐"。照此推测,他可能养着一支数量庞大的常备军。后来,阿卡德的领导权最远延伸到了以盛产谷物闻名的叙利亚东北部的哈布尔平原。萨尔贡逐渐被认为是"世界之王"。其后,他的子孙又将其头衔夸大为"宇宙四极之王"。

阿卡德的统治具有高度中央集权的特性,由此预示了后来帝国的行政体系。阿卡德人通过征税来维持庞大的地方官僚网络。他们推行标准的度量衡,1 古尔大约等于 300 升。他们还强制推行统一的历法系统,每一个年份都用当时发生的重大事件来命名,例如"萨尔贡摧毁马里城之年"。阿卡德行政系统的集中水平很高,即便是记账泥板的形状和设计,也都是由皇帝钦定的。阿卡德的财富还体现在艺术品上,其精致自然的程度当属空前。

萨尔贡大约统治了 56 年,然后他的两个儿子继位,又一共统治

94 了 24 年,随后他的孙子纳拉姆辛还宣称自己是天神,接下来又由其子即位。然后,阿卡德突然崩溃了。短短三年之中,四个人曾短暂地称帝。"谁是皇帝? 谁不是皇帝?"苏美尔国王世系表曾经如此发问,这也是最早的有关政治讽刺的文字记录。

挽歌《阿卡德诅咒》创作于帝国衰亡的 100 年后。它将阿卡德的衰亡归因为对众神的触犯。由于被一系列不祥的神谕激怒,纳拉姆辛洗劫了风雨神恩利尔的庙宇,而后者为了报复,决定杀死纳拉

姆辛及其人民：

自建城以来的第一次，

大片的农田颗粒无收，

被淹没的地带不产鱼，

被灌溉的果园不产果浆和酒，

云层聚集却没有雨水，麦子不再生长。

那时，一谢克尔只能换半夸脱油，

一谢克尔只能换半夸脱谷物……

所有城市的市场都是这个价，

睡在屋顶上的死在屋顶上，

睡在房子里的不得埋葬，

人们因为饥饿而步履跟跄。

95

一直以来，就像萨尔贡的出生细节一样，《阿卡德诅咒》所描述的事似乎都被认为是虚构的。

　　1978 年，耶鲁大学一位名叫哈维·魏斯的考古学家，通过仔细查阅耶鲁斯特林纪念图书馆收藏的一套地图，在伊拉克边境哈布尔河平原两条干涸河床的交汇处，发现了一处很有发掘潜力的土堆。于是，他与叙利亚政府接洽，希望能够得到准许来发掘它。令他稍感吃惊的是，这一请求立刻就被批准了。不久，他便在此地发现了一座业已消失的城市。这座城市在古代被称为塞赫那，如今则叫作莱兰丘。

　　在接下来的十年里，魏斯和他的团队（由他的学生和当地劳动力组成)着手发掘出一座卫城,一个有街道连接的拥挤的居民住宅区,以及一大堆贮藏谷物的屋子。他发现,莱兰丘的居民已经开始种植大麦和小麦,并且用推车来运输农作物。而就留下的文字看,他们已在模仿更为先进的南部邻居的文字风格。与当时这一地区的其他众多城市一样,莱兰丘拥有一套由城邦主持的组织严密的经济体系:人们按照年龄的大小和从事的工种,获得政府定量供给的大麦和油。他们发现了自阿卡德帝国时代以来的成千上万相似的陶瓷碎片,这表明居民们都接受以大批生产的一升容器装载的定量配给的食物。通过仔细检查这些物件和其他手工艺品,魏斯建构了一条有关这座城市历史的时间线索,它最早是一个小小的农业乡村(约公元前5000年),其后发展为一座有3万人口的独立城市(公元前2600年),最后在帝国统治下完成重组(公元前2300年)。

在魏斯及其团队进行发掘的地方,他们还碰到了一层没有任何人类居住迹象的土层。这一土层位于超过3英尺深的地下,大约对应于公元前2200年到前1900年。这表明,在阿卡德衰败前后,莱兰丘就已被彻底废弃了。1991年,魏斯将莱兰丘的土壤样品送到实验室进行分析。实验结果显示,大约在公元前2200年,就连这座城市的蚯蚓也灭绝了。最终,魏斯逐步认定,莱兰丘毫无生命迹象的土壤和阿卡德帝国的终结,都是同一现象的产物。这一现象就是长期的严重干旱,用魏斯的话说,这是一个"气候变化"的案例。

1993年8月,魏斯在《科学》杂志上首次发表了自己的理论。自此以后,与气候变化息息相关的灭亡文明的名单不断增加。它们包括了公元800年前后在其发展顶点灭亡的著名的玛雅文明;在安第斯山脉的的喀喀湖畔繁荣了1 000多年,随即在公元1100年前后瓦解的蒂瓦纳科文明;还有与阿卡德帝国差不多同时灭亡的古埃及王国。(在一段与《阿卡德诅咒》出奇相似的叙述中,埃及祭司伊浦耳如此形容这一时期极度痛苦的生活状况:"瞧,沙漠吞噬了土地。 97城镇荒芜……食物缺乏……贵妇像女仆一样受苦。看,那些已埋葬的尸体被抛在高地上。")随着新证据的出现,上述最初看起来颇具煽动性的假说,如今已经变得越来越令人信服了。例如,玛雅文明因气候变化而灭亡的假设是在 20 世纪 80 年代才首次提出的,其时几乎没有气候学的证据来证明它。90 年代中期,美国科学家研究了尤卡坦中北部奇乾坎纳布湖沉淀物的岩芯,发现这一地区的降水规律在 9 至 10 世纪发生了变化,从而导致了长期的干旱。最近,一群研究者分析了从委内瑞拉沿海采集来的海洋沉积物的岩芯,得出了有关这一地区更为详细的降雨记录。他们发现这一地区从公元750 年开始经历了一系列严重的"持续多年的干旱气候"。玛雅文明的灭亡,曾被形容为"堪与人类历史上任何灾难相比的人口灾难",据推测它带走了数百万条生命。

　　这些影响了过往文明的气候变迁,都发生在工业化时代之前数百或数千年。这些变迁体现了气候系统天生固有的可变性,无法为当时的人类社会群体所预知。受惊的阿卡德人将自身遭遇的苦难理解成神灵的惩罚。与之不同的是,现如今人们预测的下个世纪的 98气候变迁可以被归因于某些力量,其原因是我们已知的,其程度和范围也将由我们来决定。

　　戈达德太空研究所坐落在哥伦比亚大学主校区的南部,位于百老汇大街和西 112 街交会之处。这座研究所并没有明显的标识,但也许大多数纽约人都认得它:它的底楼是汤姆餐馆,这是一家因电视喜剧《宋飞正传》而闻名的餐厅。

　　45年前，戈达德太空研究所是美国国家航空航天局的行星研究中心的前哨基地。如今，它的主要职责是提供气候预报。这个研究所大约有150名雇员，他们大都把时间花在运算上，计算成果最终可能会（也可能不会）被纳入研究所的气候模型中去。他们中有人研究能够描述大气变化的运算法则，有人研究海洋变化，有人研究植被变化，有人研究云层变化，还有人专门负责考察把上述算法结合到一起得出的结果是否与真实的世界相符。（曾经有一次，当他们对气候模型做出一些修订后，热带雨林的气候预报竟然显示几乎无雨。）该研究所最新公布的模型版本是由125 000行计算机代码构成的 ModelE。

　　戈达德空间科学研究所的所长詹姆斯·汉森在研究所第七层有一间宽敞却乱得出奇的办公室。（我大概在第一次拜访他的时候露出了不舒服的表情，因为第二天我收到一封电邮，向我保证这间办公室"已经收拾得比以前好多了"。）六十三岁的汉森是一个长着瘦削脸庞、少许棕色头发的瘦子。虽然他和其他科学家一样为宣传全球气候变暖的危险做了不少事，但他本人几乎沉默寡言到可以说是害羞的程度。当我问他是如何发挥了这么显著的作用时，他只是耸了耸肩。"形势使然。"他答道。

　　汉森在20世纪70年代中期开始关心气候变化。他在詹姆斯·范艾伦（"范艾伦辐射带"即用其名字命名）的指导下，撰写了关于金星气候的博士论文。他在论文中提出，表面温度为876华氏度的金星主要靠层层的雾霾来保持温度。后来，空间探测器显示，金星的确是依靠二氧化碳含量高达96%的大气层来隔热的。当可靠的数据显示出地球温室气体水平的现状时，用汉森自己的话来说，他被"迷住"了。他认定，这个在他的一生中有可能发生大气变

99

化的星球远比一个持续炎热的星球要有趣得多。当时的美国国家航空航天局已经有一群科学家开发出一套计算机程序,利用卫星提高数据天气预报的技术水平。而汉森和其他六位研究者组成的团队则对其进行了修正,以使它在温室气体不断积聚的时代,能够完成对全球温度变化的长期预报。这个项目耗费了他们将近七年的时间才最终完成,其成果便是第一版 GISS 气候模型。 100

那时,几乎还没有任何实证证据可以证明地球正在变暖的观点。由仪器测量的连续温度记录也只能追溯到 19 世纪中期。这些记录显示,20 世纪上半叶全球平均温度上升,而 50、60 年代又下降了一些。然而,到 80 年代早期,汉森对其模型取得了足够的信心,开始做出一系列越来越大胆的预报。1981 年,他预报"二氧化碳引起的变暖问题将会[在 2000 年左右]从自然气候变化的背景干扰中凸显出来"。在异常炎热的 1988 年夏季,他出现在参议院的小组委员会上,宣称他"99%"地坚信"全球变暖正在影响着我们的星球"。1990 年,他出 100 美元与一屋子的科学家同行打赌:或许就是当年,或许是明后年,地球温度将达到历史最高。具体来说,这一年不仅要创下地表温度的最高纪录,而且也将创下海洋表面温度和大气底层温度的最高纪录。六个月后,汉森赢得了这场打赌。

GISS 气候模型与所有其他的气候模型相似,将世界分成了一个个小格子。地球表面覆盖着 3 312 个格子,在从地球表面向空中 101 爬升的过程中,上述模型被重复叠加了 20 次。如此一来,整个的排列就可以被想象成一个个摞起来的巨大象棋棋盘。而每一格则代表了纬度 4 度、经度 5 度的区域。(每一格的高度根据海拔不同而变化。)当然,在真实世界中,如此大的一块区域一定会具有数不清

102 的特征,但在模型世界中,湖泊、森林和全部的山脉都被压缩在一套有限的特征中,用数值近似法表达了出来。对于这个由格子构成的模型来说,时间一般以半小时为单位非连续性地向前移动,这也就意味着每隔三十分钟,就有一套新的运算开始运行。根据格子代表地球区域的不同,这些计算将会包含数十种不同的运算法则。照此计算,模拟下一个百年气候情况的模型运算将包括超过 1 000 万亿次独立的运算。而在巨型计算机上运行一次 GISS 气候模型的全面运算,通常需要一个月的时间。

宽泛地讲,一个气候模型中有两种类型的等式。第一种体现的是基本的物理原则,比如能量守恒和万有引力法则。第二种描述

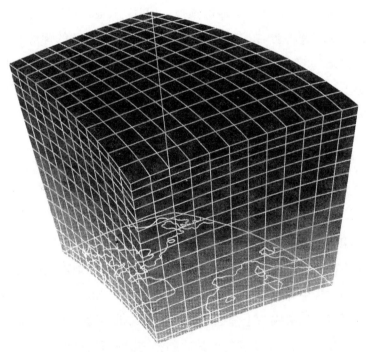

气候模型将世界分成了一个个的格子。
引自《全球变暖:完整简介》

103

（技术术语是"用参数表述"）的是实际观察到的却一知半解的模式和交互作用，或是那些在小单位空间发生、对大空间必须加以平均而得出数据的过程。

所有气候模型处理物理规律的方式都是相同的，但在对诸如云信息这样的现象进行参数化的时候，这些模型所采取的方式却不尽相同，由此也就会得出不同的结果。同时，由于真实世界中影响气候的力量也是多种多样的，因此就像医学院的学生那样，不同的气候模型各自都术有专攻。GISS 气候模型专门研究大气状态，而其他模型则有的专攻海洋状态，有的专攻陆地表面和冰原表面。

11 月一个有雨的下午，我去戈达德太空研究所参加了一次会议。这次会议聚集了该研究所模型团队的所有成员。我到达时，在汉森办公室对面的会议室里，大约有 20 位男士和 5 位女士正坐在老旧的椅子上。那时，研究所正在为联合国政府间气候变化专门委员会进行一系列的运算。这些运算已经逾期，专门委员会显然已经越来越没耐心了。汉森在屏幕上一张张地放映着图表，总结着他们迄今为止所得出的运算结果。

104

要想验证特定的气候模型或是气候模型运算，最明显的难处便在于结果所带有的预期性特点。正因为此，人们通常将模型运用到历史语境中去，看看这一模型是否能很好地再现我们已经观察到的趋势。汉森告诉小组成员，他很高兴地看到，ModelE 再现了 1991 年 6 月菲律宾皮纳图博火山爆发的后果。火山爆发释放出大量的二氧化硫（皮纳图博火山大约释放了 2 000 万吨气体），在平流层凝结成微小的硫酸盐滴。这些小液滴或悬浮颗粒把阳光反射回太空，从而给地球降温。燃烧煤、油和生物产生的人造悬浮颗粒尽管会对健康造成损害，但也反射太阳光，从而与温室效应相抵消。（人造悬浮颗粒的影响很难测量;但如果没有它,地球变暖的速度必然会更快。)悬浮颗粒的降温作用取决于小液滴在大气中悬停的时间长短。1992 年,皮纳图博火山爆发后,当时正处在急剧上升中的全球温度竟然降了半华氏度。随后,温度又重新回升。ModelE 以 0.09 华氏度的误差成功地模拟了这次火山爆发的后果。"这是一个非常漂亮的试验。"汉森简洁地评价道。

一天,我去汉森乱糟糟的办公室聊天。他从公文包中拿出两张照片。在第一张照片上,一个脸庞胖乎乎的五岁女孩在一个脸庞更胖的五个月大的婴儿面前,手里拿着一盏微型圣诞树灯。汉森告诉我,这个女孩是他的孙女索菲,而这个男孩是他新添的孙子康纳。照片的说明文字写道"索菲解释温室效应"。第二张照片上是婴儿在欢笑,旁边的说明文字写着"康纳明白了"。

在谈及驱动气候变化的因素时,建模者关注的是他们所谓的"营力"(forcings)。营力即改变气候系统能量的任何连续的过程或单独的事件。自然营力的案例除了火山爆发,还包括了地球轨道的周期性变化和太阳辐射输出的变化(比如由太阳黑子引发的变化)。对于过去诸多的气候变化,人们并不知道与之相关的营力到底是什么。例如,无人确切知晓到底是什么引发了 1550 年到 1850 年发生在欧洲的所谓"小冰期"。与此同时,巨大的营力相应地将会产生巨大而又明显的后果。戈达德太空研究所的一位专家对我说:"如果太阳爆炸成为超新星,我们也能为其后果建模。"

用气候科学的术语来说,燃烧矿物燃料或夷平森林所导致的大气中二氧化碳及其他温室气体含量的增加,是一种人为的营力。自前工业化时代以来,大气中的二氧化碳含量已经上升了大约三分之一,从 280 ppm 上升到 378 ppm。与此同时,大气中的甲烷含量也已翻倍,从 0.78 ppm 上升到 1.76 ppm。科学家们用瓦特/平方米(w/m^2)来测量营力的大小。这个单位表示地球表面每一平方米增加(在反营力的情况下则是"减少",比如悬浮微粒)的瓦特数量。而现在我们估测的温室的营力大小是 2.5 w/m^2。一盏微型圣诞树灯大约释放 0.4 瓦特的能量,其中的大部分表现为热能,由此就效果来说(正如索菲可能告诉康纳的),我们已经以每平方米 6 盏圣诞树灯的密度覆盖了地球。这些灯泡一天 24 小时、每周 7 天、年复一年地发着热。

据估计,如果温室气体继续维持当今的排放水平,人们大约需要几十年的时间,才会完全感受到这一已经施加的营力带来的影响。这是因为提高地球温度不仅意味着加热空气及地表,还意味着融化海冰和冰川,最重要的是还会加热海洋,而这整个过程需要大量的能量。(想象一下用玩具烤箱融化一加仑冰淇淋或烧一壶水。)气候系统的这种滞后特性从某种意义上来说是人类之幸,使我们得以在气候模型的帮助下预见未来的变化,并为此做好应对的准备。但从另一种意义上讲,它很显然又是灾难性的,因为它允许我们继续向大气排出二氧化碳,却把后果抛给了我们的儿孙。

107

科学家有两种方式来运行气候模型。一种被称为暂态运行,即温室气体被缓慢地加进模拟的大气中(就好像加入真的大气时一样),然后模型会预报这些添加行为在特定时刻的后果。第二种是将温室气体一下子加进大气中,模型会在新的水平上运行,直至气候完全适应营力,达到新的平衡(这被称作平衡运行)。

按照 GISS 气候模型的平衡运行的预测,如果二氧化碳排放量加倍,全球平均温度将上升 4.9 华氏度(约 2.7 摄氏度)。温度升高只有三分之一可直接归因于温室气体水平的升高，更多的则是源于间接影响，比如海冰的融化让地球吸收了更多的来自太阳的热量。最为著名的间接影响是"水汽反馈"。由于温暖的空气带有更多的水分，高温便会导致大气含有更多的水汽，而水汽也是一种温室气体。在最近展开的对二氧化碳加倍情况的预测中，GISS 气候模型给出的预测数值还是最低的一个。英国气象局下属的哈德利中心模型预测，在这种条件下，最终温度将会上升 6.3 华氏度（约 3.5 摄氏度）。而日本国立环境研究所则预言温度会上升 7.7 华氏度（约 4.3 摄氏度）。

在日常生活的语境中，温度提高 4.9 华氏度甚或 7.7 华氏度，看起来并不太让人担心。我前往戈达德太空研究所参加模型会议的那天是 11 月里阴沉的一天。早上 7 点的时候，中央公园的温度是 52 华氏度，下午 2 点就上升到了 60 华氏度。若是一个平常的夏日，这种温度上升的数值通常会达到 15 华氏度以上。然而，全球平均温度与日常温度基本无关。气候史上的大起大落也许是最好的证明。我们所说的"末次盛冰期"发生在大约 2 万年前——其时，冰原在最近一次的冰河作用中发展到了极致。劳伦太德冰原深入到今天的美国东北部和中西部。海平面非常低，西伯利亚和阿拉斯加之间由一段将近 1 000 英里宽的大陆桥相连接。而在末次盛冰期，全球的平均温度只比现在低 10 华氏度。值得注意的是，终结那次冰期的全部营力据估算仅有 6.5 w/m²。

大卫·林德是戈达德太空研究所的一位气候学者，自 1978 年开始在此工作至今。林德是研究所气候模型的疑难问题排除专家，他的工作内容是浏览大量的数据（称为诊断数据）以找出存在的问

题。他同时也是该研究所气候影响小组的成员。（他的办公室也和 109
汉森的一样，堆满了布满灰尘的打印文件。）虽然温度升高是二氧化
碳增多后最容易预见的后果，但其他次级后果，比如海平面升高、植
被变化和积雪消融，很可能也是同样重要的。林德对二氧化碳水平
如何影响水源的问题特别感兴趣。他这样对我说："我们总不能喝
塑料形态的水吧。"

　　一天下午，我在林德的办公室里聊天。林德提起，布什总统的
科学顾问约翰·马伯格三世几年前曾到戈达德太空研究所参观访
问。"他说：'我们对适应气候变迁很有兴趣。'"林德回忆道，"那
么，'适应'又是什么意思呢？"他在一个文件柜里翻找了许久，最后
拿出了他在《地球物理研究杂志》上发表的一篇题为"潜在蒸散作
用和未来干旱的可能性"的文章。可利用水资源的测量方法和用蒲
福风级来测量风速相似，可以用帕尔默干旱指数来表示。不同的气
候模型为人们提供了有关可利用水资源的不同预报。在文章中，林
德将帕尔默指数的标准运用到 GISS 气候模型和美国海洋与大气局
下属的地球物理流体动力学实验室（GFDL）的气候模型中。他发
现，当二氧化碳水平升高时，世界会经历越来越严重的水资源短缺，
先是从赤道地区开始，逐步向两极扩散。当他将帕尔默指数运用到
GISS 气候模型里，并将二氧化碳翻倍时，结果表明美国大陆将会遭 110
受严重的干旱。当他将该指数运用到 GFDL 气候模型中时，干旱的
情况则更为严峻。林德画了两张图来说明他的上述发现。黄色代
表了夏季干旱的可能性为 40% 到 60%，赭色代表可能性为 60% 到
80%，而棕色则代表可能性为 80% 到 100%。在第一张演示 GISS 气
候模型的图中，美国东北部是黄色的，中西部是赭色的，落基山脉诸
州和加利福尼亚都是棕色的。而在第二张演示 GFDL 气候模型的

图中,棕色则几乎覆盖了整个国家。

"我曾在加州向水资源管理者做过一个基于上述干旱指数的发言,"林德告诉我,"他们说:'好吧,如果情况真成了这样,那就只好算了。'他们没有办法应对它。"

他继续说道:"很显然,如果结果呈现出这样的干旱指数,人类几乎没有任何适应的可能。但假设事态还没有如此严重。我们所说的适应指的是什么?是2020年的适应?2040年的,还是2060年的?根据气候模型模拟的运行方式,当全球变暖发生后,一旦你好不容易适应了这一个十年的气候,你就必须马不停蹄地准备再改变一切,以应付下一个十年的变化。

"可以说,当今人类社会的技术比以前要发达许多。但气候变化的另一个特点是,它在地缘政治层面存在着潜在的破坏力量。我们不仅是提高了技术能力,而且也提高了技术的破坏能力。我认为预测未来是不可能的。虽然我不大可能亲眼见到,但是我猜想,即便我们已知的大部分事物将在2100年毁灭,我也不会感到震惊。"他停顿了一下接着说,"当然这是一种极端的看法。"

在哈得孙河的对岸,在纽约州戈达德太空研究所稍稍往北的帕利塞兹镇上,坐落着拉蒙特-多尔蒂地球观测站。这里曾经是一座人们会在周末前来度假的庄园。这座观测站是哥伦比亚大学的研究基地,在它丰富的天然工艺品收藏中,包括了世界上规模最大的海洋沉积物岩芯收藏,其总数量有13 000件之多。这些岩芯被放置在类似文件柜抽屉的、更加瘦长的钢制隔断中。一些岩芯的质地是白垩,一些是黏土,另一些则几乎全由沙砾构成。只要以合适的方式耐心处理,这些岩芯会向人们透露一些有关过去气候的信息。

彼得·德曼诺克是一位古气候学者,他已经在拉蒙特-多尔蒂地球观测站工作了十五年。德曼诺克是洋核方面的专家,也是上新世(大约500万年前到200万年前)气候方面的专家。大约250万年前,其时温暖而基本不结冰的地球开始降温,进入了冰川重现的更新世时代。德曼诺克认为这一变迁是人类进化过程中的关键事件:此时,至少两种原始人类从同一个祖辈分流出来,其中的一支最终变成了现代人类。在过去,像德曼诺克这样的古气候学者很少操心有关当下的事情。科学家们认为,最近的间冰期(当今人类所处的全新世)太过稳定,以至于没有多少研究的必要。当然,在20世纪90年代中期,由于人们对全球变暖越来越关注,也由于政府研究经费的转移,德曼诺克决定开始仔细地观察全新世的岩芯。在我去拉蒙特-多尔蒂地球观测站拜访他时,德曼诺克告诉我,他研究全新世岩芯后发现,这个时代"不像我们原先想象的那样无趣"。

仔细研究生命的遗存,或者更恰当地说,研究死亡并埋葬在海洋沉积物里的生物是从中获取气候数据的一种方法。海洋里充斥着一种只有在显微镜下才能看见的生物——有孔虫,这是一种微小的单细胞生物体,它的外壳是方解石,呈现为各种形状。在显微镜下,它们有的像小海胆,有的像海螺壳,还有的像面团。在接近海面的地方,大约有30种浮游的有孔虫类,每一种都生长在不同的水温之中。由此,通过计算一个物种在一份特定样品中的密度,科学家就可以估计出沉积物形成时海水的温度有多高(或者有多低)。当德曼诺克使用这一技术来分析从毛里塔尼亚海岸采集来的洋核时,他发现其中包含了寒冷期反复出现的证据。每过1 500年左右,水温就会下降,过几个世纪又再次回升。(最近的一个寒冷期是小冰期,大约结束于一个半世纪前。)洋核也显示了降雨方面的戏剧性变

112

113

化。直到大约6 000年前,北非还是比较湿润的,到处布满了小型湖泊。它是后来才变得像今天一样干旱。德曼诺克把这一变化归结为地球轨道周期性变化的结果。一般说来,这也是引发冰期的外力因素。当然,轨道变化是在几千年的时间中逐步发生的,然而北非从湿润变为干旱却是一种突变。虽然没有人确切地知道这一切是如何发生的,但看起来它似乎与其他许多气候事件十分相似,乃是反馈作用的产物:大陆获得的降雨越少,能保持水分的植被也就越少,最终这一系统就可能崩溃了。这一过程向我们提供了又一证据,说明微小的营力如何在持续很长时间之后最终将导致戏剧性结局。

"我们为自己的发现感到惊讶,"德曼诺克谈起他对原先被认为相对稳定的全新世的研究时说,"事实上,比惊讶更甚。就像生活中你想当然的许多事情一样,比如你认为你的邻居不会拿斧子砍人,但后来发现他真的是个斧头杀人犯。"

就在德曼诺克开始研究全新世后不久,《国家地理》推出的一部 **114** 著作也简要地提及了他关于非洲气候的研究。在这段文字的对页上,有一篇关于哈维·魏斯及其莱兰丘研究工作的报道。德曼诺克生动地回忆起他当时的反应。"我想,我的天,这真是令人惊异!"他告诉我,"这是导致我当晚失眠的原因,我想这真是一个很酷的主意。"

德曼诺克也回忆起,当他更详细地了解这一研究后他所感到的失望。他说:"他们对气候变化问题的关心让我印象深刻,我想知道为什么我对此研究一无所知。"他阅读了魏斯最初在《科学》杂志上发表的理论。"首先,我仔细看了看作者名单,其中没有古气候学者，"德曼诺克说道，"随后我通读了全文，但基本上没有读到古气候学的内容。"（魏斯用来证明干旱的主要证据是莱兰丘到处都是尘土。）德曼诺克越琢磨越觉得这些资料不足信，但其基本观点却颇令人信服。"我不能再袖手旁观了。"他告诉我。1995 年夏天，他和魏斯一起去叙利亚走访了莱兰丘。随后，他决定开始自己的研究以证实或者证伪魏斯的推理。

德曼诺克没有考察城市的废墟，而是去了下风方向 1 000 英里处的阿曼湾。从莱兰丘北边的美索不达米亚河漫滩（floodplain）吹来的尘土，包含了大比重的白云石矿物。由于干旱地区的土壤会产生更多的扬尘，因此德曼诺克推断，无论发生什么程度的干旱，都会体现在海湾的沉积物上。"在湿润时期，你不会看到或者只会看到少量的白云石，而在干旱时期，你则会发现许多。"他解释道。他和研究生海蒂·卡伦研发了一套高灵敏度的实验方法来检测白云石含量。卡伦以厘米为单位化验了从阿曼湾与阿拉伯海交界处提取出来的岩芯。

"她从此开始钻研岩芯，"德曼诺克告诉我，"起初一无所获，没有，没有，没有。而后突然有一天，我记得是个周五下午，她说：'啊！我的上帝！'这真是太典型啦。"德曼诺克原本推测白云石含量即便增高，也仅仅会小幅上扬；然而，实际含量增加了 400%。但他还是不满意。他决定用另一种不同的标示物来重新分析岩芯：同位素锶 86 和锶 87 的比率。相似的急速大幅上扬再一次出现。当德曼诺克以碳 14 测定岩芯的年代时，结果也表明这一急速上扬的时期正是莱兰丘被废弃的时代。

莱兰丘从来都不是生活安逸之地。那里与今天的西堪萨斯州十分类似，哈布尔平原拥有的年降水量（约 70 英寸）只够保证谷类

115

作物的生长，但对于其他很多作物来说，这样的降水量显然不够。"年复一年的降水量变化威胁着人们的生活，因此他们显然需要进行谷物贮存，设法缓解自己的不时之需。"德曼诺克评说道，"人们
116 会告诉下一代：'看看，过去发生过这些事，你们必须早做准备。'他们很擅长做这类准备。他们可以应付降水量的变化。毕竟他们已经在那里生活了数百年。"

他继续说道："他们无法做准备的事也正是我们今天没有做好准备的事。对于他们来说，无法做准备是因为他们没有认识到，而对于我们来说，则是因为政治体系不愿遵从。气候系统将要发生的变化比我们今日想象的要重大许多。"

2004 年圣诞节前，魏斯在耶鲁大学生物圈研究所做了一次午餐演讲。演讲的题目是"全新世发生了什么"。魏斯解释道，这是对 V. 戈登·柴尔德著名的考古文本《历史上发生了什么》的模仿。魏斯的这场演讲将采自近东的近 10 000 年考古学和古气候学记录结合到了一起。

六十岁的魏斯长着稀疏的灰白头发，戴着金边眼镜，极易兴奋。他为听众（大部分是耶鲁的教授和研究生）分发了材料，上面写着美索不达米亚历史的时间表。关键的文化事件是用黑色墨水写的，而重要的气候事件则是用红色墨水写的。这两条线索以一种有节奏的韵律在灾难和革新间不断交替。大约公元前 6200 年，一次严重的全球性寒潮（用红色墨水书写）为近东带来了干旱。（这次寒潮的诱因据说是一次灾难性的洪水，其时巨大的冰川湖阿加西湖泻
117 入了北大西洋。）几乎与此同时，美索不达米亚北部的农业村庄被废弃（用黑色墨水书写），而在美索不达米亚的中部和南部，人们发明

了灌溉技术。3 000 年后,另一次寒潮来袭,美索不达米亚北部的居民点又一次被废弃。公元前 2200 年,最近一次用红墨水书写的事件发生后,黑墨水显现出古埃及王国的瓦解、古巴勒斯坦村庄的废弃和阿卡德的衰亡。演讲快结束的时候,魏斯用 PPT 演示了在莱兰丘挖掘现场拍摄的照片。一张照片拍的是一座建筑(可能是行政机构)的墙体,当降雨停止时,这面墙还在修建之中。这座墙主要是由玄武岩构成,顶上盖着一排排土砖。这些砖块的施工戛然而止,就好像修建工程是在某一天突然停止的。

我们大多数人生长其中的历史在气候上甚为单调,从来没有发生过与摧毁莱兰丘相似的干旱事件。我们被告知,文明的衰落或是因为战争,或是因为蛮族入侵,抑或是因为政治动荡。(柴尔德另一个屡被效仿的著名文本的标题是《人类创造了自身》。)时间线索中添加的红色墨水事件突出了历史的突发性。人类文明至多可以追溯到 10 000 年前,而如果从进化意义上来说,现在人类都已经存在了 10 万年左右。全新世的气候并不无趣,但它单调到使得人类一直停滞不前。只有在冰川时代气候的剧烈变迁结束之后,人类才开始了文明的进程,最终出现了农业和书写。

就考古记录追溯年代之久远和细节之详细来说,没有什么地方能比得上近东地区了。当然,针对世界上其他很多地区,我们也同样能绘制出类似的红黑相间的年表:比如大约 4 000 年前,印度河谷的哈拉帕文明因为季风模式的转变而衰落;大约 14 000 年前,安第斯山脉的莫切人在一段雨量减少的时期后放弃了他们的城市;在 1587 年的美国,英国殖民者到达洛亚诺克岛时也正逢一次严重的地区性干旱。(等到英国船队于三年后返回此地并带来补给时,那里已经空无一人。)在玛雅文明的顶峰时期,其人口密度达到了每平方公里 500 人，比当今美国大部分地区的人口密度还大。然而 200 年后，玛雅地区的大部分人口就完全灭绝了。你可以说人类通过文化创造了稳定性，或者你也可以同样有理地认为，对于文化来说，稳定性是基本的前提条件。

119 演讲结束后，我和魏斯一起步行返回他位于耶鲁校园中心的研究生院办公室。2004 年，魏斯决定暂停在莱兰丘的发掘工作。发掘地点距离伊拉克边境只有 5 英里，由于战争的无常，将研究生们带到那里去并不妥当。当我拜访时，魏斯刚从大马士革回来，他到那里去，是为了给那些当他不在时帮忙看守发掘现场的保安人员发酬劳。在他离开办公室期间，从发掘现场带回的东西被修理管道的工人们堆在了一个角落里。魏斯忧郁地看了看这堆东西，然后打开了屋子后面的门。

这扇门通向一个面积更大的房间，它布置得就像一座图书馆，然而里面没有书，架子上摆放的是数百个纸板箱。每个箱子里都装着从莱兰丘带回的残破陶瓷的碎片。其中的一些上了漆，另一些则雕刻着复杂的图样，也有一些与鹅卵石几无两样。每一块碎片上都标上了表明其来源的数字。

我问魏斯，他会如何想象莱兰丘的生活。他说这是一个"老套的问题"。于是，我转而问起了这座城市被废弃的情况。"没有什么能够帮助你对抗三四年以上的干旱，到了第五、第六年，也许你就会离开了。"他说，"正如《阿卡德诅咒》中所写的那样，人们对降雨不再抱有希望。"我说我希望能看看人们在莱兰丘最后的日子里曾经使用过的东西。魏斯轻声咒骂着，在一排排箱子中搜寻，最终找到了一个特殊的箱子。箱中的碎片好像都出自相同规格的碗。它们都是把绿色的黏土放在制陶轮盘上做成的，上面没有任何装饰。

如果完好无缺的话，这种碗大约能装一升的东西。魏斯解释道，这些碗是用来给莱兰丘的劳动者分配口粮（小麦或大麦）的。他递给 120
我一块碎片。我把它攥在手中许久，努力想象着曾经触摸过它的最后一个阿卡德人。随后，我又把碎片还给了魏斯。 121

第六章

漂浮的房子

　　2003 年 2 月,荷兰的电视上出现了一系列有关海平面上升的公益广告。这些广告由荷兰交通运输、公共工程和水利部赞助,由著名的天气预报员彼得·季莫费耶夫担纲主演。在其中的一个广告里,季莫费耶夫看起来有些像演员阿尔伯特·布鲁克斯,也有些像影评人吉恩·沙利特,正悠闲地坐在岸边的沙滩椅上。"海平面正在上升。"他说道。其时,波浪开始漫上海滩。他继续坐着说话,此时旁边一个正在盖沙堡的男孩在惊慌中放弃了他的作品。在广告的末尾,季莫费耶夫仍然坐在沙滩椅上,而此时的水已经漫到了他的腰部。在另一个广告中,季莫费耶夫穿着西装站在浴缸旁边。"这是我们的河流,"他一边解释,一边爬进了浴缸,并将水流开到最大,"气候正在发生改变,雨会下得更频繁也更大。"水注满了浴缸,并从边上溢了出来。水透过地板缝滴到了楼下他妻子的头上,惹得她尖叫起来。"我们需要为水腾出更多空间,进一步拓宽河流。"他一边镇定地伸手去拿毛巾,一边建议道。

沙滩椅和浴缸的广告都是一项公益活动的组成部分。这项活动有一个含义暧昧的名字——"荷兰与水共存",除了电视广告,它还包括了电台广告、免费手提袋和卡通形式的报纸广告。广告风格一如既往地轻松愉快,比如季莫费耶夫试图在牧场上开汽艇,或是在自家的后院里挖一个用来养鸭子的池塘——可是事实上,这些广告给荷兰人传递的信息是极具毁灭性的。

荷兰有至少四分之一的国土都低于海平面,它们是通过围水造田,从北海、莱茵河、默兹河和曾经点缀在乡间的几百个自然湖泊中获得的土地。荷兰另外四分之一的国土海拔稍高,但仍然相当低,以至于按照自然规律,这些国土都会定期被淹没。人类能在这里定居,全仰仗荷兰拥有世界上最为精良的水利系统。根据官方数据,荷兰的水利系统包括了 150 英里沙丘、260 英里海堤、850 英里河堤、610 英里湖堤和 8 000 英里运河堤,这还没有算上不计其数的抽水机、蓄水池和风车。

历史上,洪水一旦发生,荷兰人的反应不是加固堤岸就是新建堤岸。例如,1916 年,北海的入口须德海的水坝崩溃之后,荷兰人拦海筑坝,挡住须德海,建起了一个和洛杉矶一样大的人工湖。1953 年,暴风雨冲垮了泽兰省的堤坝,致使 1 835 人丧生。其后不久,政府着手开展了一个花费 55 亿美元的宏伟建设项目——三角洲工程。(这一项目的最后阶段是马斯兰特阻潮闸,该闸竣工于1997 年,被用来保护鹿特丹不受风暴潮水的侵害。它由两扇活动的手臂状闸门组成,每一条"手臂"都有一座摩天大楼那么大。)荷兰人喜欢这样开玩笑,尽管它其实并非玩笑:"上帝创造了世界,但荷兰人创造了荷兰。"

"荷兰与水共存"标志着这一历时 500 年的项目的终结。展望未来,曾经修建马斯兰特阻潮闸的工程师认定,即便如此伟大的工程也不再能够满足防潮的需要。他们认为,从今往后,荷兰人的任务不再是拦海造地,而是不得不开始考虑撤退。

荷兰的新梅尔韦德河看起来像一条天然河流,但它其实是一条运河,是 19 世纪 70 年代在莱茵河和默兹河的三角洲上挖掘出来的。它从韦尔肯丹市蜿蜒西去,与另一条人工河交汇,最终形成了荷兰水道。它流经三角洲时又分流,最终汇入北海。

运河北端一个名为比斯博施的袖珍国家公园内,坐落着一座自
124 然中心。我到这里时,它正在举办一场有关气候变化的展览。天花板上悬垂着一把把大黑伞作为装饰。背景中,传统上作为荷兰洪水警报的教堂钟声正在有规律地鸣响。一个专为儿童设计的展品允许参观者转动曲柄,看着整个村庄被淹没。这一展品向观众展示了,新梅尔韦德河到 2100 年达到顶峰流量时,水位将比当地堤坝高出数英尺。

关于全球变暖为何会引发洪水,有以下几种解释。首先,这自然是和液体的物理属性相关。水受热就会膨胀。水量较小时,影响尚不明显;但水量巨大时,影响就会相应变大。人们预计下一个百年地球海平面上涨总计将达 3 英尺,大部分是源于单纯的热膨胀作用。(由于海洋的热惯性,即便温室气体水平最终趋于平稳,海平面的上升仍将持续好几个世纪。)

同时,正在变暖的地球也意味着降水模式的改变。根据预测,美国中西部等地区将遭遇干旱,而另一些地区将经历更多的(至少

更强的)降雨。这一影响可能在人口密集的地区表现得尤为严重，比如密西西比三角洲、恒河三角洲以及泰晤士河流域。一项几年前由英国政府委托进行的研究项目得出结论，到了 2080 年，在一定环境条件下，现在被认为百年一遇的洪水将每三年就在英格兰出现一次。(就在我到访荷兰的那一周，英国和斯堪的纳维亚半岛有 13 个人在异常罕见的冬季暴风雨中丧生。)

　　在比斯博施自然中心，我遇见了水利部官员艾尔克·特克斯特拉。他操持着一个名叫"河流空间"的项目。他目前的工作不再是建筑堤坝，而是拆除堤坝。他解释道，荷兰人发现雨水比过去增多了。据水利部估计，莱茵河过去洪峰流量为 15 000 立方米每秒的区域，如今已上升为 16 000 立方米每秒，将来可能还需要对付 18 000 立方米每秒的流量。与此同时，海平面的上升可能会阻挡河流入海，导致问题更加严峻。

　　"我们认为，海平面大概会在 21 世纪上升 60 厘米。"特克斯特拉告诉我，也就是将近 2 英尺，"当上述情况发生时(我们确信它会发生)，事情会变得非常复杂。"

　　我们搭乘汽车轮渡从自然中心出发，横渡了新梅尔韦德河。车经过的地方都是新开拓地，那是人们辛辛苦苦用坝围海后新开辟出来的低地。这些低地状似冰盘，两侧是斜坡，底部则很平坦，偶尔还可以看见一间结实的农舍。平坦的土地、茅草屋顶的牛棚、地平线上的乌云，这所有的场景看起来就像是荷兰画家霍贝玛画作的翻版。特克斯特拉说，这些地区都注定要被淹没。河流空间项目计划用钱补偿住在低地的农民让他们搬迁出去，然后拆除周围的堤坝。通过有选择地废弃这样的郊区，水利部希望以此来保护诸如霍恩根市这样的人口聚集地。我们正在考察的这一项目预计需要花费

125

126

3.9 亿美元。荷兰的其他地区也正在展开类似的项目。与此同时，尚有一些类似的计划正在构想之中。其中的一些计划已经引发了人们持续的愤怒的抗议。特克斯特拉承认，让人们放弃居住了几十年甚至上百年的土地，必然会引发政治问题，但也正因为此，立即开始搬迁才显得更为重要。

"一些人不能理解，"我们一边行驶在蜿蜒的路上，他一边说道，"他们认为这个项目是个愚蠢的想法。但我认为，沿袭旧习才是愚蠢的。"

当气候学者讨论温室气体水平升高的时候，他们使用的短语是"危险的人为干扰"。这个术语并不指代任何特定的灾难，但是人们普遍同意，许多灾难都符合这一定义，比如足以打破整个生态系统平衡的戏剧性气候变化，物种大灭绝或破坏世界的食品供应。地球上任何一块现存冰原的融解通常都被看成是具有警世性的大灾难。西南极洲冰原是世界上唯一的海上冰原，这意味着它坐落于其上的土地位于海平面以下。因此，这片冰原相当脆弱，极易崩塌。一旦西南极洲冰原或者格陵兰岛冰原崩塌，全世界的海平面将至少上升 15 英尺。而如果两片冰原全部融化，全球的海平面就将上升 35 英尺。当然，上述冰原中的任何一个要想彻底消失，都需要几个世纪的时间，然而一旦融化过程开始，冰原就会自我蚕食，到那时候，很可能就无法逆转了。由于气候系统的巨大惯性，其他灾难也具有相似的固有延迟性。因此，"危险的人为干扰"不仅指过程的终结，即灾难真实到来的那一刻；更指其开始，即灾难到来变得不可避免的那一刻。

那么到底什么样的营力、温度和二氧化碳水平才称得上是"危险的人为干扰"呢？这是一个极为重要的问题，但也是一个迄今都没有答案的问题。政策研究通常订立的"危险的人为干扰"标准是500 ppm 的二氧化碳水平（差不多是前工业化时代的两倍）。但是在这一标准的制定中，对于目标的社会可行性考虑，至少与对科学证据的考虑一样多。

过去十年中，人们已经通过实时测量或对古气候记录的复原，发现了气候的众多运行机制。从观测到的加速融化的冰原到推断出的热盐环流的历史，我们发现的一切情况都将"危险的人为干扰"的标准收紧了。如今，许多气候学家认为，450 ppm 的二氧化碳水平就已经代表了对危险更为客观的估计；当然，也有科学家认为，最低标准应当在 400 ppm，甚至更低。

南极东方站研究基地的发现也许是迄今为止最为重大的发现。1990 年到 1998 年间，那里钻出了一条深达 11 775 英尺的冰芯。由于南极的降雪相较格陵兰岛要少，因此，南极冰芯的分层较薄，含有气候信息的细节也相对不那么明确。然而，它们能回溯的历史年代却更为久远。如今被分散保存在丹佛、格勒诺布尔和南极东方站的冰芯，包含了之前整整四个冰川周期的连续气候记录。（和格陵兰岛冰芯的案例一样，科学家通过南极冰芯也可以估计古时的气候。当时的温度可以通过测量冰的同位素组成来确定，而通过分析被封存气体的微小气泡，我们可以确定当时大气的构成。）

东方站的记录表明，地球气温几乎已经到达了过去 42 万年来的最高点。根据最保守的估计，到 21 世纪末，温度可能上升 4 华氏度到 5 华氏度，这个世界将由此进入一个现代人类从前未曾经历过的全新气候体制。同时，如果我们转而考察二氧化碳水平，证据将更为明显。东方站的记录表明，现时 378 ppm 的二氧化碳水平在晚

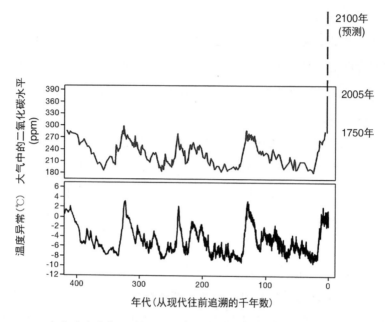

东方站冰芯的记录显示,二氧化碳水平和温度变化相对应。
在过去的 42 万年中,现在的二氧化碳水平是空前的。
引自 J. R. Petit 等在《自然》杂志的文章,第 399 期(1999)

近地质学史上已是空前的纪录。(此前的高峰 299 ppm 发生在
32.5 万年前。)上一次可与今日二氧化碳水平相提并论的纪录还是
在 350 万年前,其时正是上新世中期的暖期。很可能自 5 000 万年
前的始新世以来,还不曾有过更高的记录。始新世中,鳄鱼可以漫
130 步在科罗拉多,海平面要比今天高 300 英尺。一位美国海洋与大气
局的科学家半开玩笑地对我说:"确实,过去我们也曾经历过更高的
二氧化碳水平。但是,我们也曾拥有过恐龙。"

　　马斯博默尔镇位于比斯博施以东 50 英里。这座城镇坐落于默
兹河岸边,是个颇受欢迎的度假胜地。每年夏天,这里都挤满了前

来划船或野营的游客。由于洪水的威胁,这里的建筑都只能沿河而建。但在几年前,荷兰最大的建筑公司之一杜拉维米尔,却被批准将默兹河上的房车营地改建成"水陆两栖之家"区域。

第一批"水陆两栖之家"于2004年秋季完工。数月之后的一个沉闷冬日,我去参观了这些房子。路上,我去了一趟杜拉维米尔公司总部,会见了公司的环境主管克里斯·泽文伯根。泽文伯根在办公室里为我放映了有关荷兰未来的动画。这部动画演示了大片国土逐渐被水吞没的过程。到了午饭时间,他的秘书拿来了一盘三明治和一大罐牛奶。泽文伯根解释道,杜拉维米尔公司正忙着修建漂浮的马路和暖房。虽然每一个项目体现着颇为不同的工程挑战,但它们都有一个共同的目标,那就是让人们可以继续居住在这片将被淹没(至少是周期性地被淹没)的土地上。泽文伯根告诉我:"这里将会出现一个由洪水带来的市场。"

从公司总部驱车前往马斯博默尔镇,大约有一小时车程。我到那儿时,太阳已逐渐西沉,夕阳下的默兹河泛着银光。

水陆两栖之家的房子看起来都很相似。这些房子又高又窄,有着平坦的四壁和弯曲的金属屋顶,以至于它们一座接一座地排在一起,看起来就像是一排烤面包机。每一所房子都系在一根金属杆上,基座是一组空心的混凝土浮舟。按照设计,如果默兹河发洪水,这些房子就会浮起来,而水退却后,它们又将轻轻地回落到陆地上。我在这里参观时,已经有六七个家庭住进了水陆两栖的屋子。身为四个孩子的母亲的护士安娜·范德莫伦带我参观了她的家。她对水上生活充满了热情。"没有一天是完全相同的。"她告诉我。她说,她希望将来世界上所有的人都能住上漂浮的房子,因为"水面正在上涨,我们不得不和它共存,而不是与它做斗争——因为我们不可能斗得过它"。

131

132

第七章

一切照旧

在气候科学的圈子里,科学家把对现有排放量不加任何约束的做法称作"一切照旧"(business as usual,简称 BAU)。大约五年前,普林斯顿大学的工程学教授罗伯特·索科洛开始思考 BAU 问题及其对人类的命运意味着什么。此时,他刚刚成为英国石油公司和福特汽车资助的"碳减排倡议"项目的负责人,但他自认为是气候科学领域的门外汉。与圈内人士交谈的时候,他常常被他们的警觉程度所打动。从荷兰回来后不久,我就去索科洛的办公室拜访了他。"我曾介入过许多业余观点和科学观点并存的领域,"他告诉我,"在大多数领域中,都是业余团体更为紧张、更为焦虑。举个极端的例子,拿核能来说,大部分的核科学工作者对于少量的核辐射都不太在意。但在气候学领域中,倒是那些每日研究气候模型和冰芯的专家,对气候问题更为关切。他们总是不厌其烦地说:'快醒醒吧!

这可不是什么好事!'"

六十七岁的索科洛仪表整洁,戴着金属丝框架眼镜,留着一头灰白色的头发,发型有点像爱因斯坦。虽然从接受的学术训练来看,他是个理论物理学家,博士论文研究的是夸克粒子,但在大部分职业生涯中,他都在关注更为人性化的问题,诸如如何防止核扩散,如何建造不漏热的房屋。20 世纪 70 年代,索科洛参与设计了新泽西双子河畔的能源节约型住宅。他还曾发明一套可以利用冬天的冰雪在夏天起到空调作用的装置(虽然这套装置尚不具备商业可行性)。索科洛成为碳减排计划的负责人后,他决定自己首先要做的是了解和掌握碳排放量问题的规模。他在现存文献中发现了大量的相关信息。除了 BAU,人们还提出了以 AI 或 BI 等为代号的几十种情景,如同填字游戏一样令人眼花缭乱。他回忆道:"我还是很擅于定量分析的,但是我无法记住这些每天变化的图表。"他决定对这一问题进行合理化的精简处理,好让自己更容易理解它。

在美国,大多数人只要一起床就开始生产二氧化碳了。我们使用的电 70% 是靠燃烧矿物燃料得到的——50% 以上来源于烧煤, 17% 来源于燃烧天然气。在这个意义上,开灯即意味着向大气(至少是间接地)排出了二氧化碳。煮一壶咖啡,无论是用电炉还是煤气炉,都意味着碳排放。同样地,洗个热水澡、收看电视上的早间新闻和开车上班也都是如此。一个特定的行为到底会生产多少二氧化碳,取决于诸多因素。虽然所有的矿物燃料燃烧都会不可避免地产生二氧化碳,但在产生相同单位的电能时,某些燃料(比如最为突出的是煤)却比别的燃料产生更多的二氧化碳。一座燃煤的火力发电厂每发一千瓦时的电,就会产生半磅多的碳;但如果是天然气发电厂,碳排放量就大约只有一半。(在测量二氧化碳排放时,通常测量的不是气体的总重量,而只是碳的重量。所以如果要换算回去的话,就必须乘以3.7。)每消费一加仑汽油就会产生5磅碳,这意味着一辆福特探险者或者一辆通用育空在40英里的通勤途中,将会向大气排放十几磅碳。平均算来,一个美国人每年排放12 000磅碳。(如果你想计算出自己每年对于温室效应的促进作用,你只要登陆美国环境保护署的网站,将你日常生活方式的种种事实——包括你开的什么型号的车,你回收利用多少废物等,输入网站上的"个人碳排放量计算器"就可以算出。)美国碳排放量最大的源头就是发电,大约占到碳排放总量的39%;其次是运输业,占32%。而在法国这样一个四分之三能源皆靠核电厂来供应的国家里,上述比率就会与美国的大相径庭。至于像不丹这样大部分人用不上电,靠燃烧木材和动物粪便来煮熟食物、维持家庭供暖的国家,这一比率则又会不同。

　　未来的碳排放量很可能取决于多种因素。其一是人口增长率。据估计,到2050年,生活在地球上的人口至少有74亿,最多可达106亿。[①] 其二是经济增长。其三是新技术的应用速度。尤其是在发展中国家,它们对电力的需求正在飞速增长。拿中国来说,2025年,其电力消费预计将至少翻一倍。如果发展中国家采用高效的新技术来满足其电力需求的话,碳排放量的增长将能控制在一定的速度。(这种可能性有时被称为"跨越式",因为它要求发展中国家"跨跃"到发达国家的前面去。)而如果他们用低效却便宜的技术来满足其电力需求的话,碳排放量将以更快的速度增长。

---

　　① 2022年7月11日,联合国发布《2022年世界人口展望》,预测全球人口将于2022年11月15日突破80亿大关,并于2050年达到97亿。

"一切照旧"代表了科学家对于未来的一系列预测,其最为根本的前提是不论气候如何变化,碳排放量都会持续增长。2005 年,全球的碳排放量已经达到了大约 70 亿吨。按照"一切照旧"预测的中等水平来估计,到 2029 年,碳排放量将会增长到每年 105 亿吨,到 2054 年,将增长到每年 140 亿吨。根据相同的预测,到 21 世纪中叶,大气中的二氧化碳水平将到达 500 ppm;如果事态继续如是发展,到 2100 年,二氧化碳水平将达到 750 ppm,大约相当于前工业化时代的三倍。

看到这些数字,索科洛立刻就得出了一组结论。第一,为了避免二氧化碳浓度超过 500 ppm,人们必须立即采取必要的行动。第二,为了达到上述目标,排放量的增长必须基本控制为零。稳定二氧化碳排放量是一项巨大的工程,因此索科洛将问题分解为更具可行性的一个个小问题,他称之为"稳定楔"。简单说来,他将稳定楔定义为任何到 2054 年可以每年减少 10 亿吨碳排放量的措施。现在的二氧化碳年排放量已经达到了 70 亿吨,预计 50 年后它将达到 140 亿吨,因此要想稳定在今天的排放水平上,就必须用到 7 个稳定楔。索科洛在普林斯顿的同事斯蒂芬·巴卡拉的帮助之下,最终想出了 15 个不同的稳定楔——比理论上必需的还多 8 个。2004 年

8 月,索科洛和巴卡拉在《科学》杂志上发表了他们的发现,论文获得了广泛的关注。论文乐观地宣称:"人类已经获得了解决未来半个世纪碳排放量和气候问题的基本的科学、技术和工业知识。"当然,他们同时也十分清醒。"要实现哪个稳定楔都不容易。"索科洛对我如是说。

让我们先来看一下 11 号稳定楔:光电池(或者说太阳能)。至

少从理论上看,这也许是所有备选稳定楔中最具吸引力的一个。已经存在了 50 多年的光电池,常常被用在各种小型仪器上,以及连接电网费用过高的大型装置上。光电池技术的排放量几乎为零,不会产生任何废物和水。为了方便预测,索科洛和巴卡拉假定一座 1 000 兆瓦的燃煤火力发电厂一年大约排放 150 万吨碳。(如今的燃煤发电厂每年实际排放 200 万吨碳,但未来可能会变得相对高效。)为达到每年减少 10 亿吨碳排放量的目的,必须安装足够多的太阳能电池,以提供相当于将近 700 个千兆瓦级燃煤火力发电厂的发电量。由于日照并不是连续的,会因为夜晚和云层而中断,因此电池能量需达到 200 万兆瓦。这样一来,所需的光电池组将会覆盖 500 万英亩的地面,这差不多相当于康涅狄格州的总面积。

138

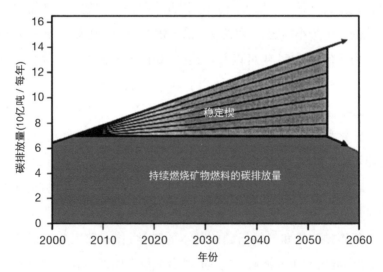

到 2054 年,每一个"稳定楔"将使每年的碳排放量减少 10 亿吨。
引自巴卡拉和索科洛,《科学》,第 305 期(2004)

10 号稳定楔是风力发电。这一技术的优点也是安全且零排放量。一台大型的涡轮机可以产生 2 兆瓦电力,但由于风力和阳光同样是间歇性的,要想让风能构成一个稳定楔,至少需要 100 万台涡轮机。风力涡轮机通常安放在近海、山顶或是多风的平原上。若安放在陆地上,周围区域可以用作他途,比如耕作,但 100 万台涡轮机将实际"占用"3 000 万英亩土地,大致相当于纽约州的面积。 139

　　其他稳定楔也提出了各种各样的挑战,一些是技术上的,另一些则是社会意义上的。核能不会产生二氧化碳,但它会产生放射性废料,以及随之而来的储存、销毁以及国际维和等方面的困难。世界上第一个商业用途的核反应堆大约在 40 年前并网发电,但是美国一直都无法解决核废料的问题。许多电厂控告联邦政府没能建成长期的废料储存场。在世界范围内,目前有 441 座核电厂正在运行中,假如要构成一个稳定楔,则需要让这些电厂的发电量加倍。除了核能稳定楔,还有热能和光能的稳定楔(将住宅和商业建筑的能量需求减少四分之一)以及两个汽车稳定楔。第一个汽车稳定楔要求世界上的每一辆小轿车每天的行驶里程减少一半,第二个稳定楔则要求小轿车的性能提高一倍。(20 世纪 80 年代晚期以来,美国载客汽车的热效率反倒降低了 5%。)

　　另一个可行的选项是一种名为"碳捕捉与储存"(CCS)的技术。顾名思义,CCS 技术能够在源头处(也许是一个巨大的碳排放源)将二氧化碳"捕捉"起来,然后通过高压将之注入诸如废弃油田等地质结构。(在如此压强下,二氧化碳进入"超临界状态",此时它既不是液体也不是气体。)索科洛计划中的一种稳定楔便需要从电厂"捕捉"二氧化碳,另一种稳定楔则需要于从合成燃料制造厂捕捉二氧化碳。CCS 的基本技术如今已被用来提高石油和天然气的产量。然而,如今还没有哪家合成燃料制造厂或电厂采用这一方 140

法。而且也没有人确切地知道注入地下的二氧化碳究竟能在那里待多久。目前世界上运行时间最长的 CCS 项目位于北海天然气田的挪威石油公司，也才刚刚运行了十年。而 CCS 要构成一个稳定楔至少需要运行 3 500 个像挪威石油这样规模的项目。

　　当今世界，排放二氧化碳并不需要付出任何直接的成本，因此索科洛的稳定楔方案实行起来困难重重。也正是在这一意义上，这些稳定楔才构成了对"一切照旧"的背离。要想改变经济与碳排放之间的关系，需要政府的介入。国家可以给二氧化碳排放量制定一套严格的控制标准，要求排放者购买和出售碳排放"积分"。（在美国，类似的基本战略已经被成功地运用于二氧化硫的排放以抑制酸雨的产生。）另一个可供考虑的办法是对碳征税。经济学家已经对上面的两种办法进行了广泛而彻底的研究。索科洛根据他们的研究估计，碳排放的花费必须涨到一吨 100 美元左右，才能够有效地刺激人们采纳他所建议的诸多办法。假定这笔花费被转嫁给消费者，那么它将会使每一度的火力电价上涨 2 美分，也就是说，每个美国家庭每月平均的电费将上涨大约 15 美元。

141

　　索科洛的所有计算都建立在一个明显假想的基础之上，即他假设所有稳定排放量的措施都将被立即执行，或者至少在近几年内展开。这一假设之所以关键，不仅是因为我们还在不断地朝大气中排放二氧化碳，更因为我们仍在不断建造基础设施，而后者在事实上保证了未来我们将向大气排放更多的二氧化碳。在美国，一辆新车行驶 20 英里平均需要消耗约一加仑油。如果行驶 10 万英里，它就会排放超过 11 吨的碳。同时，现在修建的一座千兆瓦级别的火力发电厂能运行 50 年，其间将会排放数亿吨碳。索科洛的稳定楔方案向我们传达的最主要的信息是：人类越拖延，不考虑碳排放问题而修建的基础设施越多，那么要实现将二氧化碳水平保持在500 ppm 以下这一目标的希望也就会变得越来越渺茫。

事实上，根据索科洛的图表显示，即便我们在接下来的半个世纪稳住排放量，我们还需要在之后的半个世纪里急剧缩减排放量以避免二氧化碳的浓度超标。二氧化碳是一种持久的气体，可存在约 142 100 年。因此，比较迅速地提高二氧化碳的浓度虽完全可能，快速降低浓度却行不通。（这种效果可以比作驾驶一辆装着油门却没装刹车的小轿车。）我随后问索科洛，他是否认为稳定排放量是一个具有政治可行性的目标。他皱起了眉头。

"总有人问我：'你定那么多不同的目标，它们真的可行吗？'"他告诉我，"我真的认为这根本不成问题，它们都是可以实现的。

"过去我们是否面临过类似的议题呢？"他继续说道，"我认为这是那种看起来极端困难且不值得做，但最终人们会改变看法的议题。童工问题就是一个例子。我们决定不使用童工，而商品确实因此变得更加昂贵。这是一个优先级已然改变的系统。奴隶制在150 年前也有相似的特征。一些人很早就意识到奴隶制是错误的，并且提出了自己的观点，但没能立即获胜。后来事情发生了转机，人们突然意识到它是错误的，并且从此不再这么干了。当然，人们会为此付出一些社会成本。我猜想棉花因此变贵了。但我们会说：'这是必要的代价，因为我们不想要奴隶制了。'由此我们目前也可以说：'我们正在损害地球。'地球是一个相当不稳定的系统。以往的记录清楚地显示出，我们并不完全了解地球发生的变化。即便是到了不得不做出决定的关键时刻，我们仍将不能完全理解，而只知道它们在那里。我们也许会说：'我们只是不想对自己这么苛刻。'

143 面对此类问题,问其是否可行实际上无助于问题的解决。这些目标是否可行主要取决于我们是否在意。"

马蒂·霍弗特是纽约大学的物理学教授。他块头很大,长着一张宽脸,留着一头银发。霍弗特在大学本科读的是航空工程专业。在 20 世纪 60 年代,他的第一份工作是参与研发美国的反弹道导弹系统。每个星期,霍弗特大部分时间都在位于纽约的实验室里工作,但有时也会去华盛顿会见五角大楼的官员。周末,他偶尔会回到华盛顿,对五角大楼的政策提出异议。后来,他决定要为"更富有成效的"(用他自己的话来说)事情工作。由此,他逐渐参与到气候研究中来。他自称是一位"技术乐观主义者",他对电力的许多看法带有一种巴克·罗杰斯式的"岂不是很酷"的意味。虽然在其他问题上,霍弗特是个容易让人扫兴的家伙。

"我们必须面对这项艰巨任务的定量本质。"一天中午他在纽约大学教员俱乐部吃饭时对我说,"现在我们几乎准备把所有的东西都燃烧掉,如果我们把大气加热到白垩纪时的温度,那么就只剩下两极会有鳄鱼。然后一切都会崩溃。"

144 霍弗特对无碳的新能源特别感兴趣。目前,他正在推动的一项新技术是太空太阳能(SSP)。至少从理论上说,SSP 需要向太空发射一个装有大量光电池组的卫星。一旦卫星进入轨道,电池组便会按照计划伸展或者膨胀。SSP 与陆地上的常规太阳能相比有两个重要的优点。首先,太空中有更多的阳光,每单位区域中的阳光差不多是地球上的八倍;其次,光照是连续的,因为卫星不会受到云层或黑夜的影响。当然,它同时也存在着诸多障碍。迄今科学家尚未成功完成的大型 SSP 实验。(在 20 世纪 70 年代,美国国家航空航天局考虑过一个 SSP 计划,要发射一个曼哈顿大小的光电池组进入太空,但这个计划似乎从未取得过什么进展。)而且,发射卫星的费用很高。最后,一旦电池组高悬太空,那么把这些能量传输下来又将困难重重。霍弗特设想用手机信号塔发射的那种微波束(只是需要更为集中的聚焦)来解决上述最后一个问题。他对我说,他坚信 SSP 技术具有"长期前景"。当然,他随即也指出,自己对其他的想法也同样毫无偏见,诸如在月球上放置太阳能收集器,或使用超导电线来传送电力以确保将能量损失降到最低,抑或利用悬在高速气流中的涡轮机进行风力发电,等等。他说,最重要的不是哪种新技术会发挥作用,而是人们将会发明一些新技术:"有一种观点认为,我们的文明在维持现有人口数量和高科技水平的情况下,可以依靠节约继续延续下去。我觉得这一观点类似于将一个人关在只有有限氧气的密闭屋子里。如果他呼吸得较慢,他就能存活得更长。然而,他真正需要做的是冲出这间屋子,而我就想冲出这间屋子。"几年前,霍弗特在《科学》杂志上发表了一篇颇具影响力的文章。他认为,要想把二氧化碳水平保持在 500 ppm 以下,需要一种"赫拉克勒斯"式的艰巨努力,也许只有通过能源的"革命性"变化才能够实现。

"那种认为我们已然拥有'解决碳排放问题的科学、技术和工业知识'的想法在某种意义上来说是正确的,要知道我们早在 1939 年就拥有了制造核武器的科技知识。"他引用索科洛的话说道,"然而,要等到曼哈顿计划才使之成为现实。"

霍弗特和索科洛的最大分歧——他们俩都费心向我指出,同时又努力地淡化——在于二氧化碳排放的未来轨迹。过去的几十年里,世界的能源迅速从煤炭转向了石油、天然气和核能,单位能量排放的二氧化碳量有所下降,这一过程被称为"脱碳"。相比于全球经济的增长速度,碳排放量的增长已经放慢。如果没有这种脱碳进程,今日的二氧化碳水平还会显著提高。

在索科洛所设想的"一切照旧"情景中,他假设脱碳将会继续。然而,做出这一假设实际上忽视了几项日益显现的趋势。未来几十年内,能源消耗的绝大部分增长将发生在中国、印度等国家,而这些地方的煤贮藏量要远远超过石油或天然气。(中国的新增燃煤发电能力以每月一千兆瓦的速率递增,预计在 2025 年左右,它将会超过美国成为世界上最大的碳排放国。)与此同时,全球的石油和天然气产量将开始减少,一些专家认为它们将在二三十年后才会减少,另一些则认为它们在十年后即会减少。霍弗特预言世界将会开始"再碳化",届时,稳定二氧化碳排放量的任务也将变得更加艰巨。据其估计,再碳化意味着,哪怕只是想把二氧化碳排放水平控制在与今日上升轨迹相同的水平上,我们也至少需要 12 个稳定楔。(索科洛很快就承认,事态的发展有可能导致所需稳定楔数量的增加。)霍弗特告诉我,他认为联邦政府每年必须拨出 100 亿至 200 亿美元的预算来进行新能源的基础研究。为了方便比较,他指出政府已经在至今尚未得出任何具有可行性系统的"星球大战"导弹防御计划中投入了将近 1 000 亿美元。

人们通常听见的反对抑制全球变暖的观点认为,用来控制全球变暖的现有选项都不够好。令霍弗特沮丧的是,他经常发现人们恰恰在引用他的观点来证明上述看法,而他实则根本不同意这样的观点。"我想澄清的是,"他有次对我说,"我们必须立即开始实行那些已知该如何实行的措施,同时我们也必须开始实行更为长期的计划。这两件事情并不互相矛盾。"

"我不妨直说，"他在另一个场合说，"我不确定我们能不能解决这些问题。但我希望我们能。我想我们可以试试看。我的意思是，我们有可能解决不了全球变暖的问题，地球也将面临一场生态大灾难。数亿年后，当有人再次造访时，将会发现曾经有一些智能生物在此存在过，但他们没能掌控好从狩猎采集到高科技的转变过程。上述猜想完全有可能变成现实。卡尔·萨根曾经提出一个'德雷克方程式'，可以算出银河系中存在多少智能物种。通过计算银河系里有多少颗恒星，围绕这些恒星的又有多少颗行星，行星上进化出生命的概率是多少，在出现的生命中进化出智能物种的概率又是多少，还有一旦上述情况发生，技术文明的平均寿命又是多少？其中最后一项数字最为关键。如果文明的平均寿命是 100 年左右，那么在银河系 4 000 亿颗恒星中，也许只有很少的恒星星系出现过智慧文明。如果技术文明的平均寿命是数百万年，那么银河系将充满智慧生命。这种分析路径很有趣，但我们不知道我们会走向哪一种情况。"

148

149

第八章

京都之后

2005年2月16日，《京都议定书》生效时，世界上有许多城市为之庆祝。波恩市长在市政厅主持了一场招待会；牛津大学举办了"生效"宴会；香港则举办了京都祷告会。那一天的华盛顿异常温暖，我和联邦政府负责民主与全球事务的副国务卿葆拉·多布里扬斯基进行了谈话。

多布里扬斯基是一位纤瘦的女子，留着齐肩的棕色头发，态度颇有几分说不清的焦虑。她的一大职责是向其他国家解释小布什政府在全球变暖问题上的立场。《京都议定书》生效之时，这一任务显得更加困难。美国是迄今为止世界上最大的温室气体排放国——世界温室气体总量的近四分之一都是由它排放的。即便按人均排放量计算，也只有卡塔尔等少数几个国家可以与之匹敌。然而，美国是仅有的两个不接受《京都议定书》，从而也拒绝强制执行

废气减排的工业化国家之一(另一个拒绝的国家是澳大利亚)。多 150
布里扬斯基的两位助手陪同我进入了她的办公室。我们围坐成
一圈。

多布里扬斯基一上来就向我保证,不管给人的印象如何,小布
什政府都"非常严肃地"对待气候变化这一议题。她继续说:"让我
补充一句,正由于非常严肃地对待这一议题,而不局限于口头承诺,
所以无论是双边协定(我们已经达成 14 个双边协定),还是除此之
外签订的一些多边协定,我们已经向很多国家努力倡议。我们的确
将气候变化视为一个严肃的议题。"我问她,政府将如何向盟友们交
代自己在《京都议定书》问题上的立场。"我们有共同的目标,"她
回答道,"我们的分歧在于,到底何种方式才是最为有效的。"几个
月后,她又说道,似乎是进一步阐述:"问题的关键在于,对待这一重
要的议题,我们相信我们拥有共同的目标,但我们可以采取不同的
方式。"

我们简短谈话的其余部分也遵循了类似的方式。我向副国务
卿提问,在什么样的情况下,政府会同意加入强制性的减排协定。
"我们一贯的方针前提是:我们行动,我们学习,我们再行动。"她回
答道。在回答稳定排放量的紧迫性问题时,她又说道:"我们行动,
我们学习,我们再行动。"在回答大气二氧化碳水平到什么程度算得
上"危险"时,她还是说道:"请原谅,我还要重复一遍:我们行动,我 151
们学习,我们再行动。"多布里扬斯基两次告诉我,政府应对全球变
暖的方法包括了"短期行动和长期行动"。她还三次告诉我,政府
视经济增长为"解决方式,而非问题所在"。采访前,我曾被事先告
知,多布里扬斯基最多只能抽出 20 分钟时间来接受采访。我的录
音笔显示,在谈话进行到 15 分 35 秒时,她的一位助手提醒我,采访

时间接近尾声了。在准备离开时,我问多布里扬斯基是否还有什么话要说。

"我想对你说,"她说,"我们将这个问题视作一个严肃且重要的议题。我们已经积极有力地提出了一项气候变化的政策来应对这些议题,而且我们还将继续与其他国家一道应对气候变化的议题。从根本上说,我们拥有共同的目标,只是我们采取了不同的方式。"

纯粹就签署的文件而论,美国和其他国家已经致力于解决全球变暖问题15年了。1992年6月,联合国在里约热内卢召开了所谓的地球峰会,当时的与会人数超过了2万人。几乎所有国家都派来了参会代表,并最终签署了《联合国气候变化框架条约》。条约最早的签署人中就有老布什总统。他在里约热内卢号召全球领导人将"会议上所说的话转化为实际行动来保护我们的星球"。三个月后,老布什向美国参议院递交了这一框架条约,获得全票通过。

框架条约的英文版长达33页。文件一开始是对基本原则的泛泛阐述("承认地球气候的变化及其不利影响是人类共同关心的问题……""人类活动已大幅度增加大气中温室气体的浓度……")和一长串的定义("'气候变化'特指由人类活动直接或间接导致的气候变化。""'气候系统'是大气层、水圈、生物圈、地圈以及它们的相互作用所构成的整体。"),然后叙述到条约的目标,即"将大气中温室气体浓度稳定在一定水平,以防止对气候系统造成危险的人为干扰"。

签署框架条约的每一个国家都接受同一个目标,即避免"危险的人为干扰",但是并非每个国家都接受相同的义务。条约区分了工业化国家(按照联合国的标准,即附件1中的国家)和其他国家。
后者同意采取措施以"减缓"气候变化,而前者则答应降低温室气
体排放。(用外交术语来说,这一约定遵循了"共同但有区别之责 153
任"的原则。)框架条约第4条第2款b项详细说明了人们需要遵守
的约定。它规定附录1中的国家,包括美国、加拿大、日本、欧洲国
家以及以往的东方集团国家,它们的"努力目标"是恢复到1990年
的排放量水平。

事实证明,向参议院提交框架条约是老布什在总统任期内最后
的几项作为之一。克林顿重申了美国对条约的支持。他就职不久
后便在1993年的世界地球日宣布,美国将致力于在2000年前将温
室气体排放量降至1990年的水平。"除非我们现在就行动,"他说,
"否则我们面临的未来将是,太阳不再温暖我们而是将我们烤焦;季
节的更替将呈现出一种可怕的新含义;我们孩子的孩子所继承的地
球将比我们成长的世界更不宜居。"

虽然克林顿重申了美国的承诺,但实际上,美国以及世界上其
他国家的排放量仍在继续攀升。1995年,在此问题上取得些许进
展的几乎只有东欧国家,而这是因为他们的经济正处于急剧衰退
中。与此同时,随着排放量的持续攀升,最初颇显保守的目标——
恢复到1990年的水平——也开始变得越来越难实现。几轮艰难的
磋商随即展开,1995年3月在柏林,1996年7月在日内瓦,最后 154
1997年12月在京都。

京都会议上达成的协议在本质上仅仅是框架条约的一个附件
(其全名为《联合国气候框架条约京都议定书》)。这一议定书与框
架条约有着相同的目标——避免"危险的人为干扰",同时也固守着

相同的原则——"共同但有区别之责任"。但对于原先那些措辞含糊的规劝性话语,诸如"努力目标",《京都议定书》则代之以强制性的约束。在综合考虑历史和政治因素的基础上,每个国家所受到的约束条款略有区别。例如,对于欧盟国家来说,它们必须在 2012 年《京都议定书》中止之前,将温室气体的排放量降至比 1990 年低 8%的水平。而美国则必须达到比 1990 年低 7%的水平,日本必须完成比 1990 年水平低 6%的任务。除二氧化碳外,条约还涉及了五种温室气体,分别是甲烷、一氧化二氮、氟烷、全氟化碳和六氟化硫。为了计算方便,这些气体都被换算为"二氧化碳当量"。附录 1 的国家还可以部分依靠买卖排放"许可",以及在诸如中国、印度这样的非附录 1 国家投资"清洁开发"项目,来完成自己的减排任务。

155 　　哪怕《京都议定书》尚处于协商过程,我们就已明显看出它将受到大部分曾经投票支持框架条约的参议员的反对。1997 年 7 月,内布拉斯加州共和党参议员查克·哈格尔和西弗吉尼亚州民主党参议员罗伯特·伯德提出了一项"参议院意见"的决议,公开警告克林顿政府要提防会谈的大方向。这项伯德-哈格尔决议提出,除非发展中国家承担同样的义务,否则美国必须拒绝签署减排协议。参议院以 95 比 0 的投票数通过了这一决议,这是企业和劳工都参与游说的结果。(一个由雪佛兰汽车、克莱斯勒汽车、埃克森石油公司、福特汽车、通用汽车、美孚、壳牌、德士古石油公司等赞助的组织"全球气候联盟",花费了 1 300 万美元来为反对《京都议定书》的活动作宣传。)

　　从某个特定的角度看,伯德-哈格尔决议背后的逻辑无可指摘。控制排放量需要花钱,而这些花销又必须得有人承担。如果美国同意限制温室气体排放,而它经济上的竞争对手中国和印度又不这么

做,那么美国的公司就将处于不利地位。"一份要求工业化国家减
少温室气体排放而不要求发展中国家这么做的条约,将会给美国经
济带来一个非常有害的环境。"美国劳工联合会及产业工会联合会
财务秘书理查德·特拉姆卡到京都为反对议定书游说时如是说。
另一个可以成立的理由是,限制一些国家的碳排放量而不限制另一 156
些国家,将会导致二氧化碳排放量的转移,而不是实际减少。(这种
可能性若用气候术语来表述,就叫"渗漏"。)

　　然而,如果从另一个角度出发,伯德-哈格尔决议的逻辑又是极
端自私甚至可耻的。我们不妨将大气所能容忍的二氧化碳人为排
放总量假想成一块大大的冰淇淋蛋糕。如果我们的目标是将全球
二氧化碳浓度控制在 500 ppm 以下,那么差不多一半的蛋糕已经给
人类消费完了,而这一半中的绝大部分都是被工业化国家吃掉的。
如今坚持所有国家同时减少排放量,实际上无异于继续倡导将余下
蛋糕的大部分分配给工业化国家,就因为他们过去已经吃得太多
了。一年里,平均每个美国人排放的温室气体,相当于墨西哥人的
4.5 倍,印度人的 18 倍,或是孟加拉国人的 99 倍。如果美国和印度
按照同样的比例降低自己的排放量,那么波士顿市民的平均排放量
仍将是孟加拉国人的 18 倍。为什么一些人就有权比另一些人排放
更多? 在几年前召开的气候峰会上,其时的印度总理阿塔尔·比哈
里·瓦杰帕伊对全球的领导人说:"我们的人均温室气体排放量离
世界平均水平尚有一定距离,与许多发达国家相比更是低了一个数 157
量级。我相信,民主精神不会支持除全球环境资源面前人均平等之
外的任何标准。"

　　在美国以外,人们一般都认为:免除发展中国家执行《京都议
定书》强制条约的决定,是一个面对棘手问题时虽不完美却比较恰

当的解决方式。这一安排也是框架公约的基础,它模仿了曾经被用来成功解决另一个潜在世界危机(大气臭氧层的消耗殆尽)的机制。1987 年通过的《蒙特利尔议定书》号召逐步停用破坏臭氧层的化学物质,却给了发展中国家十年的宽限期。荷兰环境大臣彼得·范吉尔为我描述了欧洲人的见解:"我们不能说:'好吧,我们在使用了 300 年矿物燃料的基础上获得了财富,现在当你们面临发展问题的时候,不能因为我们有了气候变化的问题,你们就不可以按照我们的速度发展。'我们必须做出榜样,成为道德楷模。这也是我们要求其他国家为此做出贡献的唯一途径。"

对美国而言,克林顿政府虽在理论上支持《京都议定书》,却没有在事实上做出贡献。1998 年 11 月,美国驻联合国大使代表政府在条约上签了字。但总统没有向参议院提交,很显然它根本不可能获得表决通过所需要的三分之二以上的赞成票。在 2000 年的世界地球日上,克林顿发表了类似于七年前他曾发表过的演说:"新世纪最大的环境挑战就是全球变暖。科学家告诉我们 20 世纪 90 年代是上一个千年中最热的十年。如果我们减排温室气体失败,致命的热浪和干旱会变得更加频繁,沿海地区将被淹没,经济将陷入崩溃。除非我们行动起来,否则这一切就即将发生。"截至他离任,美国的二氧化碳排放量仍比 1990 年的水平高 15 个百分点。

再没有哪一个美国政治家(或许世界范围内也再没有哪个政治家)会比阿尔·戈尔与全球变暖的话题联系得更紧密了。早在 1992 年担任参议员期间,戈尔就出版了《濒临失衡的地球》一书。他在书中提出,保护全球环境必须成为世界的"核心组织原则"。五年后,他又作为副总统飞赴日本,前去挽救几乎陷入崩溃边缘的京都谈判。即便如此,在 2000 年的大选中,全球变暖也并未成为一个真正重要的要素。大选期间,小布什不断重申他本人对气候变化问题十分关切,将之看成"我们必须严肃对待的问题"。他许诺,如果当选,他会把限制二氧化碳排放量的条款写进联邦法规。

上任后不久,小布什就派环境保护署的新任长官克里斯汀·托德·惠特曼前去参加了由世界主要工业化国家的环境部部长出席的会议。会上,她详细阐述了自己所确信的小布什立场。惠特曼向 159她的同行们保证,小布什总统将全球变暖视为"我们所面对的最大的环境挑战之一",并希望"设法推动这一问题的解决"。就在惠特曼发言十天后,小布什就宣布,他不但要让美国退出正在谈判中的京都会议(议定书还留有诸多有关落实的复杂议题需要解决),而且对于联邦政府限制二氧化碳排放的问题,他也改变了主意。为了解释这一逆转,小布什宣称他不再认为对二氧化碳排放的限制是合理的,因为他认为"科学知识对于全球气候变化的原因和解决方法的探索"尚处于"未完成状态"。(支持总统原先立场的前财政部部长保罗·奥尼尔公开推测,这一逆转是由副总统迪克·切尼策动的。)

在将近一年的时间里,小布什政府基本没有对气候变化问题有过任何作为。随后,总统宣布美国将遵循一种全新的方式。美国将不再关注温室气体排放量,转而关注所谓的"温室气体强度"。小布什宣布这种新方式更好,因为这种方式认可了"只有发展自身经济的国家才能够承担投资和新技术"。

温室气体强度不是一个可以被直接测量的数值,而是一个将排放量与经济产量联系起来的比值。比如说,一家企业一年排放了 160100 磅碳,生产了价值 100 美元的商品,那么它的温室气体强度就是 1 磅/美元。如果第二年这个公司排放了相同重量的碳却多生产了 1 美元价值的货物,那么它的温室气体强度就下降了 1%。即便它的总排放量加倍,只要它的货物产值增加超过一倍,这个公司或者这个国家仍然可以宣布自己的温室气体强度降低了。(一般来说,一个国家的温室气体强度,可以根据每创造 100 万美元国内生产总值所排放的碳的吨数来计算。)

温室气体强度为美国的国情提供了一种美化的虚饰。1990 年到 2000 年间,美国的温室气体强度下降了 17%。造成这一结果的原因有好几个,其中之一便是向服务型经济的转变。与此同时,整体排放量却实际上升了 12%。(就温室气体强度来说,美国比众多第三世界国家做得更好,因为虽然我们消耗了更多的能源,但我们也拥有更高的 GDP。)2002 年 2 月,小布什总统确立了未来十年内全国温室气体强度下降 18% 的目标。而在同样的十年里,布什政府期望美国经济每年增长 3%。如果这两个期望都能实现,那么温室气体的总排放量将上升 12%。

政府的这项计划几乎完全依靠企业自愿采取措施,它被批评家们形容为一条诡计。设在华盛顿的国家环境信托基金的主席菲利普·克拉普曾称之为"一场彻头彻尾的文字游戏"。而且如果目标是为了防止"危险的人为干扰",那么温室气体强度当然就是一个错误的衡量标准。(从本质上说,总统的新方法等于是走上了"一切照旧"的老路。)政府对这些批评的回应通常都是攻击其前提。"科学告诉我们,我们无法确定到底什么程度的气候变暖达到了危险水平,由此也无法确定必须避免它达到什么水平。"多布里扬斯基如是说。当我问她如果那样的话,美国将如何支持避免"危险的人为干扰"的目标时,她将"我们的政策必须以可靠的科学为依据"说了两遍作为回答。

就在我去会见多布里扬斯基时,美国参议院的环境与公共事业委员会主席詹姆斯·英霍夫正在参议院发表题为"气候变化科学的最新进展"的演讲。这位俄克拉何马州的共和党参议员在演讲中宣称,已经出现的"新证据"对人类导致全球变暖的观点构成了"莫大的讽刺"。这位参议员将全球变暖视作是"灌输给美国人的最大骗局"。他继续指出,这一重要的新证据,目前正被将人为的气候变暖奉为"一种宗教信仰"的"杞人忧天派"隐瞒着。在英霍夫不断引用以证明自己观点的诸多权威中,竟然有小说家迈克尔·克莱顿。

162

在 20 世纪 50 年代,正是美国科学家查尔斯·戴维·基林研发了精确测量二氧化碳水平的技术。也正是研究莫纳罗亚山的美国研究者率先指出,这里的二氧化碳水平正在稳步上升。在其后的半个世纪中,无论是在理论上(GISS 和 GFDL 的气候建模工作),还是在实验中(如在北极、南极及世界每一个大洲展开的田野研究),美国的科研人员为气候科学的进步所做的贡献比其他任何一个国家的都大。

但与此同时,美国也是全球变暖怀疑论的最主要散播者。这些怀疑论者的观点还被写成书出版,如《撒旦气体》和《全球变暖及其他生态神话》。这些书又通过"技术中心站"等团体在网上传播,而技术中心站的赞助者包括埃克森美孚石油公司和通用汽车公司。一些怀疑论者声称全球变暖不是真的,或者至少未被证实是真的。由矿业和电力公司资助的游说组织"美国能源平衡选择组织"在网站上宣布:"预报一两天后的天气情况都如此困难,所以不难想象气候的预测会有多难。"有人则坚信二氧化碳水平的升高其实是一件

163 值得庆贺的事情。

由西部燃料协会创办的绿化地球协会宣称:"燃烧矿物燃料所排放出来的二氧化碳对地球上的生命有利。"这个协会断言,即便大气中的二氧化碳水平达到了 750 ppm(相当于前工业化时代的三倍)也没有什么可值得担心的,因为植物的光合作用需要大量的二氧化碳。(这个组织的网站宣称,有关这一课题的研究"经常受到污蔑",然而"这确是一项令人激动的研究",它"对地球气候的潜在变化会带来厄运的悲观看法是一剂解药"。)

在正统科学圈里,对于全球变暖这一基本判断,想要找到什么反面证据却几乎是不可能的。加州大学圣迭戈分校历史与科学研究教授纳奥米·奥勒斯克斯最近设法对学界的共识水平进行了量化分析。她研究了 1993 年至 2000 年间发表在学术期刊上的关于气候变化的 900 多篇文章,并将这些文章收在一个重要的研究数据库中。她发现,其中有 75% 的文章赞同人类至少对过去 50 年中所观测到的部分气候变暖现象负有责任。剩下 25% 的文章涉及方法论或气候史问题,它们则没有对现在的情势发表立场。总之,没有一篇学术文章对人类正导致气候变暖的前提发出过质疑。

然而,像绿化地球协会这类组织和英霍夫参议员这类政客的声
164 明,却塑造了有关气候变化的公众舆论。这显然是他们的目标所在。几年前,民意调查专家弗兰克·伦茨为国会的民主党成员准备了一份战略备忘录,辅导他们去应对各种各样的环境议题。(伦茨最初因策划纽特·金里奇的"与美国签约"运动而成名,他"被共和党人视为政治顾问,就像亚瑟王眼中的预言家梅林那样"。)在"赢得全球变暖之辩论"的标题下,伦茨写道:"科学论证正处于尾声(对我们不利),但还未完全结束。我们仍然有机会来挑战科学。"

他提醒道："选民认为,科学圈尚未就全球变暖的问题达成共识。一旦公众开始相信相关的科学议题已经尘埃落定,那么他们对于全球变暖的看法也将相应地发生改变。"伦茨还建议:"在全球变暖的讨论中,最重要的原则是你要表现出你对科学证据的信奉。"

正是在这种语境,也只有在这种语境下,小布什政府有关全球变暖科学的断言才解释得通。政府官员动不动就指出全球变暖在科学层面仍然存在着不确定性(是有不少)。但是,他们不情愿承认科学已经达成广泛共识的领域。

"当我们做出决定时,我们希望确信自己的决定是有可靠科学依据的。"总统在 2002 年 2 月宣布应对全球气候变暖的新方法时说。仅仅几个月后,环境保护署便向联合国递交了一份长达 263 页的报告,其中写道:"温室气体排放量的持续增长可能会导致 21 世纪美国的年平均气温上升好几摄氏度(大约 3 华氏度到 9 华氏度)。"总统驳回了这一报告(这是联邦政府研究员数年的心血结晶),就像在打发由"官僚机构炮制出来的"东西一样。第二年春天,环境保护署又一次试图对气候科学给出一个客观的总结,写出一份描绘环境状况的报告。白宫坚持要干涉包含全球变暖的那一部分的写作,其中有一回,他们要求将由美国石油协会资助的一项研究的摘要插入报告之中,以至于在内部备忘录中,一位环境保护署的官员抱怨全球变暖部分的写作"没能准确地反映科学共识"。(当环境保护署发表这份报告时,气候科学这一章节全都不见了。)2005 年 6 月,《纽约时报》透露,一名叫菲利普·库尼的白宫官员曾多次删改政府有关气候变化的报告,好让这些发现看起来不那么惊人。一次,库尼收到了一份报告,其中写着:"许多科学发现都得出

结论,地球正在经历一个相对快速的变化时期。"他对此修改道:
"许多科学发现暗示,地球有可能正在经历一个相对快速的变化时
166 期。"在其修改行为被披露后不久,库尼从白宫辞职,到埃克森美孚
公司工作去了。

就在《京都议定书》生效的次日,联合国召开了会议,会议有个
十分合适的名字叫作"京都次日"(One Day After Kyoto)。其副标
题是"有关气候的下一步措施"。会议在一间大屋子里举行,里面
放着一排排带有弧度的桌子,每张桌子上都装有一个小型的塑料耳
机。会议的发言者包括了科学家、保险业高层和来自世界各地的外
交官。其中,来自太平洋小岛的图瓦卢驻联合国大使描述了他的国
家处于消失危险中的情况。面对两百多名听众,英国常驻联合国代
表埃米尔·琼斯·帕里爵士这样开始了自己的发言:"我们不能再
这样下去了。"

2001年,美国退出京都谈判之时,整个努力几近白费。单就美
国自身,它就占到了附录1国家排放量的34%。按照《京都议定
书》详尽的批准机制,只有在占排放量至少55%以上的国家同意之
后,议定书方可生效。欧洲国家的领导人已为此做了三年多的幕后
工作,努力获取其他工业化国家的支持。其中最重要的门槛最终于
2004年10月跨过。俄罗斯杜马投票批准了这一议定书。不过大
167 家都心知肚明,杜马的表决通过是以欧洲在俄罗斯加入世界贸易组
织问题上的让步为条件的。(《真理报》的标题是"俄罗斯为了加入
世界贸易组织,被迫批准《京都议定书》"。)

正如联合国会议上一个个发言人所提到的,京都是重要的第一
步,但也只是第一步。《京都议定书》将在2012年期满。届时,它所

规定的约束条款还远不能完成稳定世界排放量的任务。即便包括美国在内的每一个国家都执行了《京都议定书》规定的义务,大气中的二氧化碳浓度仍然会朝着 500 ppm,甚至更高的水平发展。没有中国、印度这样国家的实际参与,要想避免"危险的人为干扰"是不可能的。但是中国和印度凭什么在连美国都拒绝的情况下接受控制排放量所要付出的花费呢?未能成功挫败《京都议定书》的美国,有可能正在做着破坏性更大的事情:毁掉达成"后京都协议"的机遇。英国首相托尼·布莱尔最近说道:"当前的严峻现实是,除非美国回归某种形式的国际共识,否则将很难再有进展。"

令人惊讶的是,阻碍进展似乎正是小布什的目标。多布里扬斯基向我解释政府的立场时说:当其他工业化国家追随一种策略时(限制排放量),美国将遵循另一种策略(不设定排放限制)。要想判断哪种方式最好,现在还为时过早。"现在最根本的是切实执行这些计划,观察它们的效力。"她补充道,"我们认为,谈论未来的安排,现在时机还不成熟。"2004 年 12 月在布宜诺斯艾利斯举行的全球气候会谈中,许多代表团都力主召开一轮预备会议,以详细筹划可以接替《京都议定书》的文件。美国代表团坚决反对,最终人们要求美国以书面形式描述自己所能接受的会议是怎样的。美国开出了半页纸的条件,其中一条是它"必须是一场在一天内开完的一次性会议"。另一个条件则颇为自相矛盾,如果要讨论未来,讨论中必须禁止有关未来的话题;他们写道,发言必须局限于与"现有国家政策"相关的"信息交流"。曾是老布什政府雇员的环境保护基金会律师安妮·派松克也参加了布宜诺斯艾利斯的会谈。她这样回忆当时其他国家代表团成员看到这半页纸时的反应:"他们脸都白了。"

168

欧洲国家的领导人没有掩饰他们对美国政府立场的失望。"很显然,全球变暖已经开始了,"法国总统雅克·希拉克在参加完2004年世界八大主要工业国领导人峰会(G8峰会)后说,"所以我们必须负责任地行动起来,如果什么也不做,我们将负有重大的责任。我曾有机会和美国总统谈及此事。但正如你们可以想象得到,要说我说服了他那绝对是夸大其词了。"2005年担任G8峰会轮值主席的布莱尔,曾用峰会举行前的几个月时间来说服小布什"现在是行动的时候了"。布莱尔在一场有关气候变化的演讲中直言不讳地说:"温室气体的排放……正在导致全球变暖,其变暖速度开始时就很快,现在变得越来越惊人,长远来看,现状是不可持续的。这里的'长远'并非指的是几百年后。我的意思是在我孩子的有生之年里,甚至有可能就在我自己的有生之年里。我所说的'不可持续',不是指当前的现象需要我们做出调整,而是说这一挑战产生了深远的影响,具有了不可逆转的破坏性作用,它将彻底改变人类的生存状态。"2005年G8峰会在苏格兰格伦尼格斯举办,在会议开始的数周前,包括美国在内的八个工业化国家的国家科学院,以及中国、印度和巴西的科学院,一起发布了一份引人注目的联合声明,号召世界各国领导人们"承认气候变化的威胁已经十分明显,并且正在日益加剧"。

但是,所有这些仍然没有对美国总统产生明显的影响。峰会前夕,白宫环境质量顾问委员会主席詹姆斯·康诺顿在伦敦参加会议时宣布,他仍然不相信人为的气候变暖会构成问题。他说:"我们仍在研究其中的因果关系,研究人类到底在何种程度上成为气候变暖的原因之一。"根据《华盛顿邮报》的报道,政府官员坚持弱化一份为峰会召开而采取联合行动的建议,要求删除引证了"越来越令人信服的有关气候变化的证据,包括海洋和大气温度上升、冰原和冰川消逝、海平面上升和生态系统变化"的一个段落。这次峰会最后发布的公报(因为伦敦地铁爆炸事件,这次公报的受关注度下降了)在很大程度上体现了美国政府的立场;它将全球变暖说成是"重要而长远的挑战",但也引用了"我们对气候科学了解"的"不确定性",含糊地号召八国集团成员"促进创新"和"加快采用清洁技术"。

亚利桑那州的共和党参议员约翰·麦凯恩是一项要求小布什兑现在 2000 年大选时所承诺的限制二氧化碳排放量的议案的主要提出者。《气候管理法案》号召美国到 2010 年将温室气体排放量减少至 2000 年的水平,到 2016 年降至 1990 年的水平。麦凯恩两次设法将《气候管理法案》提交至参议院投票,两次都受到了来自白宫的强烈反对。2003 年 10 月,这一法案以 43 票反对对 55 票赞成的投票结果被挫败;2005 年 6 月,下降至 38 比 60。当我要求麦凯恩对小布什在全球变暖问题上的立场做出评价时,他回答道:"逃兵。"

他继续说道:"由于证据充分,随着时间的推移,我们显然迟早会在这个议题上获胜。气候变化的巨大影响正一天天变得越来越显而易见。问题在于是否已经太晚了?世界温室气体总量的 25% 都是由我们国家排放的。在我们采取行动之前,我们将造成多大的破坏?"

当我写下这篇文字时,美国的排放量已经比 1990 年上升了将近 20%。

171

172

第九章

佛蒙特州的伯林顿

无论以哪种标准来衡量,位于佛蒙特州尚普兰湖东岸的伯林顿都只是一个小城市。然而在佛蒙特州,它已经是最大的城市了。几年前,这里的选民决定不再授权当地的电力公司去购买更多的电,而是自己节约用电。从那以后,这座城市在努力减少温室气体排放方面就已经不亚于这个国家的任何一座城市。伯林顿电力局也许是美国唯一一个公务用车里包括了山地自行车的公家单位。

自 1989 年起,彼得·克拉维尔就是伯林顿的市长。其间仅有两年的中断,他喜欢称之为"选民授意的休假"。他是矮个子,头略秃,长着黑白相间的小胡子和一双忧郁的蓝眼睛。"休假"期间,克拉维尔和家人一起居住在格林纳达岛上。

"住在岛上,你才能够真正明白什么是可持续的,什么是不可持续的。"他告诉我。这是一个闷热的 7 月天,我们开着克拉维尔的本田思域混合动力汽车,在城镇里四处观光,参观这里的节能项目。他还停下车来指给我看一辆前护栅上装着自行车架的城市公交车。

"气候保护的议题和可持续性相关,"他继续说道,"它们和我们的后代相关,也和坚信地方行动有可能起到重要作用相关。我们大部分人都为联邦政府缺乏远见和行动力而感到失望,但我们也有着行动的选择。你可以哀叹联邦政府的政策,也可以掌控自己的命运。"

2002 年在伯林顿发起的节能运动,以"10%的挑战"而闻名。("给全球变暖泼冷水"是这一运动的口号。)正如这一运动的名称所显示的,市民的目标是将温室气体排放量减少 10%,尽管到底以哪一年为基准线,运动并没有清楚规定。为了促进目标的实现,伯林顿尽其所能,从为企业提供免费的能源咨询到为孩子设计"能效日历表"等等。当地麦当劳的托盘衬垫上面都印了一只善意但令人毛骨悚然的"气候龙"(Climo Dino)。"气候龙"说道:"一颗巨大的小行星改变了我们的气候,但你们人类以每年向大气排放 60 亿吨二氧化碳的方式改变着你们的气候。"

我们此行的第一站是一座城市垃圾场。伯林顿不仅将垃圾收集起来,还将它卖掉。伯林顿鼓励承包者不仅要致力于清除,更要致力于"解构"。这一做法不但能减少城市废物流,而且能减少对新材料的需求,从而达到节能的效果。在一间曾经是车库的屋子里,许多"解构"的水槽、门和其他垃圾以展览厅的风格摆放着。一架几乎全新的梯子靠在墙边等待正好需要相同规格楼梯的买家。在停车场,一些年轻人用旧的三合板搭建了一座花园棚屋。克拉维尔告诉我,"北部回收"项目的灵感是他从明尼阿波利斯市的一个类似的项目上获得的。"这是一个剽窃来的管理方式。"他高兴地说。

　　我们的下一站是伯林顿电力局总部。在这座建筑的背后,我看到一台在微风中轻快旋转的风力涡轮机。这台涡轮机象征着这座城市的努力,同时也为30个家庭送去了足够的电力。总的来说,伯林顿电力局将近一半的电力都来自可再生能源,其中包括了一座利用木屑发电的50兆瓦的电厂。走进电力局总部,我们路过了一场节能灯泡展览,公司以每月20美分的价格将灯泡租给有兴趣的顾客。电力局官员克里斯·彭斯出来和我们打招呼。他解释道,一个整夜用100瓦白炽灯泡进行门廊照明的家庭,如果改用节能灯泡,电费账单会下降10%。他说,伯林顿的不少企业靠着调节空调温度等简单基础的措施,节约的能源大大超过这个比例。伯林顿电力局估计,这座城市业已上马的节能项目,在使用期内将会避免将近17.5万吨的碳排放。"我们把每一座建筑都看成是一座发电厂。"彭斯告诉我。

　　这天晚些时候,克拉维尔带我参观了城市市场:一爿建在市政用地上的食品杂货店。事实上,这片土地过去曾经是危险废料的堆放场。市府赞助开设了这家市场,好让伯林顿的居民不再需要开车去郊区购买食物。"我们估计,过去一个普通的西红柿大约需要旅行2 500英里才能到达我们的厨房餐桌,"克拉维尔说,"现在我们可以在当地生产西红柿。"最后我们又去了一个叫英特瓦尔的城区。那里是威努斯基河沿岸较易洪水泛滥的平原,它曾经是一块农田,后来变成了一块荒地,如今它是各种社区花园与园艺合作社的所在地,比如"幸运女士鸡蛋农场"和"流浪猫农场"。我们到达英特瓦尔时,天气变糟了。倾盆大雨中,我们在一个砖砌的老农舍前停了下来。屋子前面堆放着各种形状和大小的西葫芦。隔壁是一个堆

175

肥设施,从当地饭店收集来蔬菜垃圾,在这里将变回泥土。

"这是一种闭合循环。"克拉维尔告诉我。

也许有些出人意料的是,美国阻止《京都议定书》生效的行为引发了一场并不完全草根的运动。2005 年 2 月,西雅图市长格瑞格·尼科尔斯开始推广一套被他称为"美国市长气候保护协议"的原则。四个月内,170 多位市长代表 3 600 万人民在协议上签了字。其中包括纽约市长布隆伯格、丹佛市长希肯卢珀、迈阿密市长迪亚兹。签署者同意"在自己的社区范围内,努力达到或超额完成《京都议定书》的目标"。与此同时,来自纽约、新泽西、特拉华、康涅狄格、马萨诸塞、佛蒙特、新罕布什尔、罗德岛、缅因的官员也宣布,他们已经达成了一份试行协议,规定各州先把各自电厂的排放量控制在现有水平上,随后再努力减排。甚至连收集悍马越野车的阿诺德·施瓦辛格州长也参加了这次运动。2005 年 6 月,他签署了一项行政命令,要求到 2010 年为止将加利福尼亚的温室气体排放量减至 2000 年的水平,到 2020 年进一步减至 1990 年的水平。"我宣布争论已结束。"施瓦辛格在签署政令前宣称。

伯林顿的经验在事实上证明了地方行动的有效性。自克拉维尔担任市长的 16 年里,整个佛蒙特州的用电量上升了将近 15%,但与之形成对比的是,伯林顿的用电量却下降了 1%。用电量的减少完全依赖户主和企业的自愿措施取得,想必他们已经逐渐将控制电气账单看成是自身的利益了。

当然,伯林顿的经验也突显了地方行动的局限性。大多数节约完成于早期,是通过政府发行债券资助能源节约项目而取得的。当最低效的家庭和企业得到改善后,想要取得进一步的成就也就越来越难了。"10%的挑战"运动开始于 2002 年,但这个城市的电力需要已经开始缓慢递增,到目前为止已经比运动之初略高。与此同时,电力使用方面的节约所减少的二氧化碳排放已经被排放源(以汽车和卡车为主)抵消。在返回市政厅的路上,我问克拉维尔还能再采取些什么措施。

"要是我们能说,'好,只要我们批准了这个项目或者那项行动,问题就会解决',那么事情就好办了。"他告诉我,"但事实是没有这种一劳永逸的良方。我们要做的不只是一件事,也不是十件事。我们有成百上千件事必须做。

"我是有些沮丧了,"他说,"但你必须保持希望。"

自然资源保护委员会的总部位于曼哈顿西 20 街上。它的办公室占据着一座十二层的装饰派艺术风格建筑的最上面三层。它们设计于 1989 年,被当作是高能效都市生活的典范。其中装有"占位传感器",周围没人的时候,电灯可以自动关闭,而由聚合物包裹的特殊窗户可以隔热。楼梯上方有一个巨大的天窗,想必是为接待区提供自然光线的,当然十五年后的今天,玻璃上已经积了一层纽约的尘垢。

大卫·霍金斯是自然资源保护委员会的气候项目的负责人。他高高瘦瘦,黑发微卷,彬彬有礼。霍金斯在 35 年前刚从法学院毕业就来到这个环保组织工作,直到今日。中间只有一个小小的真空期,那是在 70 年代晚期,他曾经担任过环境保护署空气质量处的负责人。目前,他大部分时间都待在中国,会见中国国家发改委和山西煤炭化学研究所的官员们。

未来的十五年里,中国的经济规模将至少会翻一番。这一预期增长(大部分都由燃煤驱动)不仅将超过现今美国所有的节能项目,而且更将超过任何我们能够合理想象的项目范围。霍金斯交给我一份有关未来电厂建设发言的复印件。文中的图表详细说明了中国的计划:到 2010 年,中国将会新建 150 座一千兆瓦发电能力的火力发电厂(或相应发电能力的设施);到 2020 年,中国将在此基础上再新建 168 座电厂。假设美国的每一个城镇都采取类似伯林顿的努力,未来数十年内,其总减排量将达到大约 13 亿吨。但同时,从中国这些新建发电厂中排出的碳却将达到 250 亿吨。换句话说,中国的新发电厂将在不到两个半小时的时间内燃烧掉伯林顿过去、现在和未来所减少的排放量。 179

　　按照一般逻辑,这些数字也许会让你备感失望。在这个意义上,客观看待全球变暖几乎与拒绝看到这一问题同样危险。不过,霍金斯仍是一个乐观主义者——这也许是出于职业的需要。"如果你正在考察全球变暖,你就必须要研究已工业化和正在工业化的大国的排放量。"他说,"用不了多长时间,你就会得出结论,除非你认真考虑美国和中国的情况,否则将无法解决这一问题。换句话说,如果你解决了美国和中国的问题,你也就可以解决这一问题。

　　"中国正处在起飞阶段,"他继续说道,"所以,人们还有机会用现代技术而非过时技术来塑造它。这对我们是一项挑战:采取行动去说服中国人,使得他们相信这对他们来说将是更好的策略。"

　　他指出,中国正处于工业化进程中,其模式与四五十年前的美国模式十分相似:工厂依靠过时的、效率极低的发动机;电力传输系统也比较陈旧;虽然它是世界上节能型灯泡的主要生产国,自己却很少使用。(就国内生产总值的单位能量消耗来说,中国所消耗的能源是美国的 2.5 倍,是日本的 9 倍。)如果中国能够对企业进行 180

现代化,用可再生能源来满足一定数量的预期能源需要,那么新建火力发电厂的数目估计可以减少将近三分之一。

当下,中国主要只建造传统的火力发电厂。出于技术原因,"碳捕捉与储存"在这种类型的发电厂完全不可行。但如果中国转而采用煤炭气化技术,新发电厂的二氧化碳排放量就有可能被采集和封闭起来。通过这种方法,碳排放量可以被大幅度地降低,甚至可能达到零排放。据总体估计,煤炭气化技术和碳捕捉技术将会使这些新建发电厂的运行成本上升40%。(这不是一个准确的数字,因为碳捕捉技术尚未被实际运用于商业发电厂。)霍金斯已经计算过,即使假设如此高的成本差额,世界上所有发展中国家即将新建的火力发电厂中使用碳捕捉技术所需的额外成本,都可以通过由发达国家电力消费者交纳1%税款的方式来支付。"那么,这将是完全支付得起的。"他说。

中国的排放增长常常被引证为美国不作为的正当理由:如果你的努力最终起不到关键作用,那么自找这么多麻烦的意义又何在呢?霍金斯认为上述观点只能使事情彻底倒退。美国能做的事,中国终究也会做。"这不是理论,"他说,"我们已经从汽车污染控制上看到了。我们大约在70年代采用了控制措施,如今全世界都要采用这种现代的污染控制措施。我们在电厂使用的二氧化硫洗涤器,如今中国也在使用它。这么做有一个非常实际的理由:如果美国这样的国家采用清洁技术,那么,市场就会使这种技术的价格下跌,于是其他国家也就开始看到这是可行的。"虽然近些年美国没有新建火力发电厂,但分析家预期,未来十年这一情况可能会发生变化。霍金斯指出,凡是不带有碳捕捉技术的新电厂,美国都必须予以禁止。

"如果我们能够颁布政策,禁止在美国新建不收集自身排放物的火力发电厂,并鼓励中国人新建带有收集排放物设施的发电厂。那么,无论有没有国际公约,都没有什么关系。"他说,"只要我们弄清了事实真相,我们就赢得了时间。"　　　　　　　　182

第十章

人类世的人类

几年前,在《自然》杂志的一篇文章中,诺贝尔奖获得者、荷兰化学家保罗·克鲁岑创造了一个新术语。他说,不久后我们就不再会认为自己仍旧生活在全新世。取而代之的是,一个与先前不同的时代已经开始。这个新时代将以人这种物种来命名,这一物种如此突出,因为他甚至能够在地质上改变地球。克鲁岑把这个新时代称作"人类世"(Anthropocene)。

克鲁岑不是第一个爱造此类新词的人。19世纪70年代,意大利地质学家安东尼奥·斯托帕尼指出,人类的影响将引入一个新的时代,他称之为"人类代"(anthropozoic era)。数十年后,俄罗斯地球化学家弗拉基米尔·伊凡诺维奇·维尔纳茨基提出,地球正在进入一个被人类思想统治的新阶段——"人类圈"(noosphere)。虽然这些早期术语都带有正面肯定的意义("我带着极大的乐观情

绪……我们生活在向人类圈的过渡之中。"维尔纳茨基写道），但是
"人类世"的言外之意带有明显的警示意味。人类已经变为掌控地
球的主宰，然而他们还根本不清楚自己将何去何从。

　　克鲁岑因为对臭氧层损耗的研究而获得了诺贝尔奖。这一现
象与全球变暖具有诸多科学与社会方面的相似性。破坏臭氧层的
罪魁祸首是含氯氟烃（chlorofluorocarbons），它是一种无色无味的气
体，类似于二氧化碳，表面上也无害。（为了证明其安全，它的发现
者曾经吸入含氯氟烃，然后用力呼出，吹灭了生日蜡烛。）从 20 世纪
30 年代开始，这种"奇妙的气体"开始被用作冷却剂，到了 40 年代，
又成为制作泡沫塑料的成分之一。直到 70 年代，人们才开始意识
到含氯氟烃也许是一种值得人们引起警惕的化学物质，化学家们开
始在纯学术的层面上思考含氯氟烃在高空中将会发生怎样的变化。
他们测定，虽然这种化学物质在地球表层是稳定的，但到了同温层
就不再如此了。一旦含氯氟烃开始分解，就会出现游离氯。他们推
测，游离氯会变成催化剂，促使臭氧转变为普通氧气。由于同温层
的臭氧保护地球避免了紫外线的辐射，因此研究者警告说，继续使
用含氯氟烃将会带来灾难性的后果。与克鲁岑同享诺贝尔奖的弗
兰克·舍伍德·罗兰一天晚上回家时对妻子说："工作进展得很顺
利，但看起来，世界的末日就要到了。"

　　在 20 世纪 80 年代，含氯氟烃的破坏性被证实，而且是以一种
出乎研究者意料的戏剧性方式。人们发现，南极洲上空的臭氧层出
现了一个"洞"。（如果美国国家航空航天局的计算机程序没有将
看起来太低的臭氧水平数据当成错误数据删除的话，那么这一证实
还会发生得更早。）即使有关含氯氟烃影响的证据在不断累积，但作
为世界上超过三分之一的含氯氟烃的供应方，美国的化学品制造商

183

184

仍然在反对对之进行控制。他们一方面声称这一问题需要进一步的研究;另一方面又声称只有全球统一行动才能应对这一问题。其时,里根总统的内政部长唐纳德·霍德尔建议,如果含氯氟烃真的会破坏臭氧层的话,人们也只需要戴太阳镜和帽子就能解决了。他坚称:"那些不需要在太阳下暴晒的人并不会受到影响。"最终在1987 年,《蒙特利尔议定书》的签订开启了逐步停止使用含氯氟烃的进程。(应当指出的是,含氯氟烃也是一种温室气体。)根据预测,在以后的几年中,臭氧水平将降至低点,但随后又开始缓慢回升。这一决议到底是代表着科学的成功还是正好相反,这完全取决于你看问题的角度。正如克鲁岑所说,如果氯在大气上层的作用发生一点轻微的变化,或者如果代之以同类化学物质溴的话,那么当人们想起来要探讨臭氧层的状态时,他们就会发现"臭氧洞"已经从南极延伸到北极了。

185

"这种灾难性的情况没有发展,其实靠得更多的是运气而非智慧。"他写道。

就全球变暖来说,在理论和观察到实际现象之间存在着更长的时间差。克鲁岑认为,人类世的开端可以回溯到 18 世纪 80 年代,即詹姆斯·瓦特完善蒸汽机的年代。阿列纽斯则于 19 世纪 90 年代开始了他用纸和笔的计算。而北极海冰的消融、海洋的升温、冰川的迅速收缩、物种的重新分布和永冻土的融化则都是新近才观察到的现象。直至最近五到十年,全球变暖才最终从气候多变性的背景"噪声"中凸显出来。即便如此,可以观察到的变化也总是落后于已经开始发生的变化。迄今为止观测到的变暖现象也许只占到了地球为保持能量平衡所需变暖程度的一半。这意味着,即便二氧化碳排放量能够被稳定在今日的水平上,温度仍将继续上升,冰川还将融化,未来几十年的天气模式还将发生变化。

但是,二氧化碳水平并不会保持稳定。正如索科洛和巴卡拉的"稳定楔"计划所显示的那样,哪怕仅仅只是承诺减缓增长,也已经非常野心勃勃了,需要新的能源消耗方式、新技术和新政治来支持。无论"危险的人为干扰"的阈值是 450 ppm 的碳浓度,还是 500 ppm,甚至 550 ppm 或 600 ppm,世界都已经在迅速向它靠拢,到那时实际上超过阈值已经不可避免。无论是以还需更多研究为理由,还是以有意义的努力代价太高为借口,抑或是以这给工业化国家施加了不公平负担为托词,拒绝行动都不会推迟后果的降临,只会加速其到来。英国杂志《新科学家》最近刊登了一篇有关全球变暖的问答,最后一个问题是:"我们应该有多担心?"问题的答案则是另一个问题:"你觉得自己有多走运?"

当然,走运和随机应变是人类存活至今必不可少的才能。人们一直在想象着新的生活方式,然后想出办法去改造世界以使其符合自己的想象。这一能力使我们作为一个整体,得以克服过往无数的威胁,无论这威胁是来自自然还是我们自身。从这个长远观点看,我们可以说,全球变暖只不过是从瘟疫到核毁灭前景等一系列考验中的又一项考验而已。因此,一旦我们能够从长计议和苦思冥想,此刻看起来不能解决的窘境,也终将能找到解决方案。

当然我们也可以更长远地看待这一处境。格陵兰岛冰芯所提供的气候记录回溯了过去 10 万年的历史,南极冰芯则可回溯 40 万年。除了二氧化碳水平和全球温度之间的明显关联外,这些记录还表明在末次冰期,气候曾频繁地急剧变化,给生命带来极大的创伤。

在这段时间内,基因与我们相似的人类曾在地球上流浪,留下的永久物品无外乎孤立的洞穴壁画和成堆的乳齿象骨。随后,大约是在10 000 年前,气候发生了变化。当气候稳定下来,人也开始定居,修建了村庄、城镇和城市,与此同时,还发明了未来文明将要依附其上的所有基础技术——农业、冶金以及书写。离开了人类的巧智,上述发展诚然是不可能实现的,但如果离开了气候的配合,光有巧智,估计还是不够的。

冰芯记录还显示,我们正在不断地接近末次间冰期(last interglacial)的温度最高点,其时海平面比今天大约高 15 英尺。温度只要再升高几华氏度,地球就将达到自有人类进化以来的温度最高峰。气候系统中已被证明的回馈作用(冰反照率回馈、水汽回馈、温度与永冻层中碳储存量之间的回馈)将对系统中的微小变化做出反应,将其增强为更大的作用力。也许最不可预知的回馈作用恰恰是人类自己。地球上生活着 60 亿人,很明显,危险无处不在。季风模式的紊乱、洋流的变化和大旱,任何一个都可能轻而易举地导致数以百万计的难民流。全球变暖的影响正变得越来越不容忽视,我们是要予以全球同心的回应?还是缩回狭隘的、具有破坏性的利己主义?很难想象,一个高科技的发达社会竟会选择自我毁灭,然而这正是我们在做的事情。

第三部分

时　间

第十一章

又过十年

2014 年 5 月 12 日,美国国家航空航天局的科学家举行了一次新闻发布会,公布了他们平淡地称为西南极洲冰原新"发现"的相关信息。那里的冰像水一样流动,只不过速度要慢一些。南极洲的冰原就如同格陵兰岛的冰原一样,一直在移动。科学家通过分析近 20 年来的卫星数据,跟踪了最终汇入阿蒙森海的若干座大冰川的位置,接着又用这些数据绘制了冰川底下的地形图。

科学家的新发现与之前的发现完全一致。在过去的 20 年里,阿蒙森海所有的冰川都在消退。一座后撤了 19 英里,另一座后撤了 21 英里,第三座则后撤了 9 英里。科学家没有在冰川底部发现可以阻碍冰川进一步消退的山脊,与之相反,冰川下的土地大部分都位于海平面以下,并且似乎还向下倾斜。他们由此得出结论道:冰川已经开始自我蚕食了。冰川融化消退得越多,渗入冰原底下的

193 海水就越多,进而冰川的消退就愈发加剧,直至完全融化。

  "如今我们提供的观测数据表明,西南极洲冰原的很大一部分已经进入了不可逆转的消退状态,"美国国家航空航天局位于帕萨迪纳的一家喷气推进实验室的成员埃里克·里格诺特如此解释这些发现,"它们已然走上了一条不归之路。"

  阿蒙森海域冰量巨大,如果全部融化,全球海平面将上升 4 英尺。这还不是最糟糕的。科学家发现阿蒙森海域的海冰流失还可能会破坏相邻区域冰原的稳定性。里格诺特警告说:"这可能会使海平面的上升高度再提高 2 倍。"同一天,来自华盛顿大学的研究团队发布了一项有关西南极洲最重要的冰川之一思韦茨冰川的研究。这项研究也得出了类似的结论,事到如今,冰原的解体已不可避免。新闻通稿上说:"西南极洲冰原正在崩塌。"

  上述对于南极洲的研究如果准确的话,便意味着"危险的人为干扰"已经造成。如今有数亿人(或许是数十亿人)正生活在低海拔地区,如果海平面上升 12 英尺,那么他们的城市就会被海水摧毁。尽管这一进程可能需要数百年才会完全落地,但问题的关键在于这已是一条不归路。

  "太吓人了,"波茨坦大学的海洋学家斯特凡·拉姆斯托夫在上述研究成果发布的当天发推特说,"气候系统中那个令人担忧的临界点看起来已经被突破了。"

194   冰原研究的新闻效应持续了几天。头版刊登这则新闻的《纽约时报》评论道:"巨大的西南极洲冰原已经开始崩塌。"《琼斯夫人》杂志的观点更为尖锐,它宣称:"这真他妈的是全球变暖的高光时刻。"当然,新闻热度并未持续太久,一切很快又恢复如常。就在冰原研究发布的那个星期,佛罗里达州参议员马可·卢比奥在国家电视台表示,他"不相信人类活动会像这些科学家描述的那样,引发气候的戏剧性变化"。值得注意的是,卢比奥这位共和党人生活的迈阿密,在世界上人身财产安全最易受海平面变化影响的几座大城市中名列第一。(就人口维度而言,它在最脆弱城市的排行榜上位列第四,仅次于孟买、广州和上海。)几天后,备受批评的卢比奥改变了立场。"我从未否认气候正在发生变化,"他说,"我只是指出气候从某种程度上来说一直在发生变化。"

2004年,我将本书收录的大部分内容写成了新闻报道。彼时,气候变暖的迹象对于那些知道在哪里寻找它们的人来说是显而易见的。而我写这本书,是为了让不太关注这个议题的人,即使不通过自己的眼睛,也至少通过我的眼睛,看到那些已然发生的变化。在我看来,我们正处于关键时期,人们需要认识到立即采取行动的必要性。

从那以后,情况发生了哪些变化呢?首先,全球变暖的迹象变得更加明显了。它们甚至不再需要你去寻找,而更多的是已无可避免。美国西部已经有数百万英亩的松树因为气候变暖导致的甲虫侵扰而死亡了。西南部的森林火灾比往年发生得更早,火势也更加猛烈。2012年10月,超级飓风"桑迪"袭击了美国东部。尽管我们无法断定这次风暴是不是气候变化的产物,但因为海平面上升,桑迪的破坏力变得更大了,预计造成了650亿美元的损失。

全球最高气温于2005年创下新纪录,随后在2010年刷新纪录。有历史记载的十个最热的年份全都发生在1997年之后。就在我写这篇文章的时候,加州正处于史无前例的干旱期,该州所有地区都被判定为"严重"、"极端"或"异常"干旱。每当读到有关干旱

195

的报道时（《洛杉矶时报》最近的一篇文章记述了农场工人在干涸的农田里争抢工作时感到的绝望），我就会想起自己在戈达德太空研究所逗留时大卫·林德向我展示的干旱预测地图，也会想起当林德将地图拿给加州的水资源管理者看时，他得到的答复是："好吧，如果情况真成了这样，那就只好算了。"

世界变化的速度甚至让许多气候科学家感到惊讶。不妨来看一下北极海冰的情况。2004 年我访问寒区研究和工程实验室的时候，他们预测到了 21 世纪末，北冰洋的夏季将处于无冰状态。就在第二年，即 2005 年，北冰洋夏季海冰的面积便创下了历史新低。2007 年，这一纪录再次刷新。仅仅两年，它的面积就又令人震惊地缩小了 23%。到了 2012 年夏天，夏季海冰再创历史新低，冰帽又收缩了 18%。

"我们现在进入了一个未知的领域。"位于博尔德的国家冰雪数据中心的主任马克·塞雷泽在 2012 年宣布。他说，虽然科学家早就知道气候变暖将"首先发生在北极，且在北极表现得最为明显，但我们很少有人想到，气候变化实际发生的速度会这么快"。如今，常年不化的冰帽只有 20 世纪 80 年代的一半大小。在过去的几个夏季里，过去富有传奇冒险色彩的西北航道基本上就没什么浮冰。2013 年，丹麦运营的"诺迪克·奥瑞恩号"货船走完了这一航线，这也是历史上首次有大型货轮完成这一航程。2014 年，《国家地理》宣布它必须对自家的《世界地图册》进行"大规模"修改，以便反映出海冰的收缩状况。现在看来，常年海冰很可能在 21 世纪中叶（甚至更早）就会完全消失。

随着气候变化的证据越来越明显，采取行动就变得愈加必要。

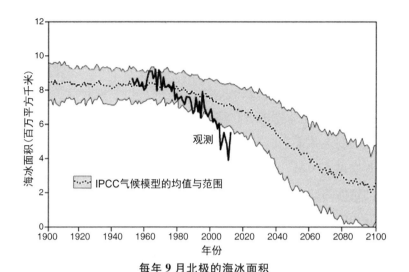

每年 9 月北极的海冰面积
北极海冰面积的下降速度远超气候模型预测的速度。
引自 Julienne Stroeve，更新并改写自 Stroeve 等人的《地球物理
研究通讯》，第 34 期（1997）

但就总体而言，美国人仍然不相信全球变暖的现实。皮尤研究中心
2013 年的一项民意调查要求受访者列出国会和总统需要优先考虑
的事务。"应对全球变暖"在 20 个选项中位列第 19 位，排在"降低
政治说客影响"和"应对道德崩溃"之后，仅仅位于"应对全球贸易
挑战"之前。尽管现如今三分之二的民主党人都认为人类影响是气
候变化的主因（同样出自皮尤研究中心的民调），却只有不到半数
的无党派人士和四分之一的共和党人相信这一点。

　　全球变暖的科学与公众应对这一问题的态度之间的差距，本身
正日益成为一个研究课题。在过去几年里，一个被称为"气候心理
学"（cli-psy）的全新领域应运而生，它致力于解释有关气候变化的
紧急警告为何会被人们忽视。其中一派的观点认为，答案在于公众
始终对科学家言辞有所困惑。

198

乔治·梅森大学气候变化传播中心主任埃德·迈巴赫告诉我："美国人对气候变化最常见的误解在于,他们认为专家对这个问题的看法也存在诸多分歧,而导致美国人这种误解的原因则是有人故意播下了怀疑的种子。"过去几十年里,数十份看似科学的报告声称,尽管基础的地球物理学自阿列纽斯时代就已经建立了,但在气候变化问题上并未达成科学共识。正如科学史家纳奥米·奥勒斯克斯和埃里克·M.康威所说,这场蓄意的误导运动,是以烟草业制定的策略为范本,由煤气石油产业直接或间接资助的。

另一派观点认为,问题不在于科学是如何传播的,而在于它是如何变得与其他议题纠缠在一起的。

"你对于气候变化的看法,并不能反映你所拥有的知识,"耶鲁大学研究风险感知问题的法学院教授丹·卡亨说,"它只能表明你的身份。"

为了说明这一点,卡亨引用了皮尤研究中心的另一项民意调查。这项调查旨在测试基本的科学知识,提出的问题比如有"血液中红细胞的主要功能是什么?"当受访者被问及"在绝大多数科学家眼中,是什么气体导致了大气温度上升"时,58%的人选择了正确的答案:"二氧化碳。"民主党人和共和党人做出正确回答的比例几乎没什么差别,前者为56%,后者为58%(无党派人士是63%)。

但民调表明,美国人对于全球变暖的看法存在着明显的党派差异。在皮尤研究中心的另一项调查中,66%的民主党人表示他们相信人类活动是全球变暖的"主因",却只有24%的共和党人这么认为。这就表明,有一些民主党人并不知道是什么导致了气候变化却仍然相信人类必须对此负责,而许多共和党人明明知道气候变化的原因却仍然否认了人类在其中起到的作用。卡亨认为,这表明人们对气候变化的看法,与其说是由他们的科学知识决定的,还不如说是受到了群体认同感的影响。他主张,为了打破这种政治僵局,美国人必须找到谈论气候变化的方式,而不能奢望某个群体的成员会放弃自家的文化身份认同。

"如果你以某种契合人群身份认同的方式,向人们展示应对气候变化的问题,"卡亨说,"那么他们就更有可能认清这一议题。"

卡丽·玛丽·诺尔加德是俄勒冈大学的社会学者,她曾经研究人们是如何谈论气候变化的。她也相信美国人的态度中带有很强的文化成分,但她认为这个问题反映的是人们回避难堪话题的策略。

200

诺尔加德认为,即使是在私底下担忧气候变化的人,也很难在公开场合讨论这个话题,因为一方面他们因形势而感到内疚,另一方面他们对改变形势无能为力。"我们都有将自己设想为好人的需求。"她告诉我。但与此同时,对这个议题缺乏讨论也助长了如下现象:人们觉得如果这真的是一个严重的问题,那么其他人自然会来处理它:"在某种程度上正是因为我们身处一个没有人谈论它的世界里,所以人们很难感觉到气候变化真的在发生。"

诺尔加德接着说道:"这导致了政治僵局、文化僵局与个人僵局之间的恶性循环。"

那么,怎样才能打破这个循环呢?诺尔加德认为,如果国家的政治领袖能够坦诚地讨论这一议题,"它可能会变得更有影响力。它可以释放出许多令人们感同身受的绝望情绪,进而将他们动员起来"。

"我认为我们有可能在多个层面上打破这个循环。"她继续说道。尽管三十多年来,诸多警告都被忽视了,挑战也变得更加艰巨,她说:"但我并不觉得我们应该放弃。"

本书的第一版分为两个部分,第一部分是"自然",第二部分是"人类"。前者涵盖了气候变化的科学,第二部分则关注我们与这门科学之间的尴尬关系。接下来的三章都是在第一版付梓之后写成的,最初也是发表在《纽约客》上的文章。它们不适合收入第一、第二部分,所以这一版将这三章放在了全书最后。这些新章节以原样呈现,同时也按照它们原本的发表时间排列。因此,您会看到某些数据(比如大气中的二氧化碳水平)随着时间的推移而有所增加。

新增章节中的第一章涉及海洋酸化。这是全球变暖的孪生兄弟,二者同样有害。事实上,当我们向空气中排放二氧化碳的时候,我们也将之溶解在海洋里,形成了碳酸。就在十年前,连许多海洋生物学者都没有警觉到海洋酸化的现象,而从彼时至今,它几乎已经上升到海洋生物所面临的各种威胁的长名单的最顶端。

由于海洋中加入了额外的二氧化碳,如今海洋的酸度要比工业革命初期上升了约 30%。如果目前的趋势继续下去,那么到 21 世纪末,海洋的酸度将再增加 150%。这是一个相当于"地质突变"的巨大变化,可能会带来极端且难以预测的后果。(海洋酸化和地球生命史上一些最严重的危机息息相关,例如 2.5 亿年前的二叠纪末生物大灭绝,这一事件导致了当时地球上大约 90% 的物种灭绝。)

海洋酸化将改变微生物群落的构成,进而改变氮、铁等关键性营养元素的利用率。它将改变光线和声音穿过水的方式。(估计海洋会变得更加嘈杂。)或许最重要的是,这将使蛤蜊、牡蛎、海星等生物的生存变得更加困难,因为它们需要用矿物碳酸钙来构成自己的贝壳或外骨骼。石珊瑚对海水化学成分的变化尤其敏感,因此一个海洋酸化不受控制的世界,也很可能将是一个没有珊瑚礁的世界。

"海洋酸化的可能后果简直是灾难性的。"澳大利亚海洋科学研究所前首席科学家 J. E. N. 韦隆如是写道。

不久以前,曾有过那么一段时间,人类对化石燃料的热衷看上去似乎就要画上句号了。这倒不是因为我们决定要与化石燃料断绝关系,而是因为化石燃料要和我们断绝关系。石油峰值论研究者警告说,我们已经消耗了全世界一半以上的相对容易获取的石油储备,很快就会面临一系列严重的石油短缺。然而我们后来发现,我们并没有耗尽石油,还找到了开采不那么容易获取的石油资源的方法。天然气的情况也如出一辙。

在新增的第二章里,我将考察一些"非常规"的燃料及其影响。加拿大的沥青砂是世界上最丰富的"非常规"资源之一。顾名思义,沥青砂是一种混合物,它由黏土、少量石英岩和沥青组成。沥青砂可以像煤炭一样露天开采,不过这一过程会导致景观被彻底破坏。另一种开采方式是用蒸汽将沥青从土里萃取出来,稀释过后通过管道输送到炼油厂,转化为合成原油。加拿大的沥青砂储量极大(矿藏覆盖了亚伯达省北部的大部分地区),足以生产出超过 1 万亿桶的合成原油。哪怕其中只有 10% 是可开采的,它也仍然是全球最大的石油矿藏之一。

转向非常规燃料("蒸汽辅助重力泄油"、水力压裂或"液压破裂法"等新技术帮助实现了这一转向)显著地增加了可供燃烧的化石燃料的储备量。但与此同时,气候系统的营力仍然保持不变。这就意味着我们可以燃烧的燃料和应该燃烧的燃料之间的差距变得更大了。2012年,比尔·麦基本在《滚石》杂志上发表了一篇颇具影响力的文章,阐释了他关于"全球变暖的可怕新数学"。

他写道:"已探明的石油、煤炭和天然气储量是气候科学家预估的安全燃烧储量的5倍。"

人们经常针对一个问题批评环保主义者,进而批评倡导环保主义的记者,认为他们太过关注提出问题,而对于可能的解决方案关注不够。考虑到这种批评,几年前我访问了丹麦的萨姆索岛,它坐落于北海的卡特加特海峡。接下来的第三章即是此行的访问成果。

吸引我来萨姆索岛的是一个不同寻常的项目,其项目的牵头人是精力充沛的瑟伦·赫尔曼森。一系列相当特殊的事件让赫尔曼森相信,萨姆索岛可以完全摆脱对于化石燃料的依赖。他设法慢慢说服了足够多的萨姆索岛人(人口约为4 000人),让他们觉得这个想法是值得追求的,而这些人随后又开始去说服其余的人。

萨姆索岛人(其中大多数是农民)购置了近海风车、太阳能电池板和用菜籽油驱动的拖拉机。他们相互竞争,看谁能够想出更具创意的方法来降低对化石燃料的依赖。尽管岛上的居民并没有完全放弃化石燃料,他们的汽车仍然使用汽油,但他们已经成功地做到了"碳中和"。如今就总量而言,他们依靠可再生能源获取的能量要比他们消耗的能源多。与我交谈的萨姆索岛人显然都为他们的所作所为感到自豪,但同时他们又为自己这样保守的农业区域居然是社会变革的先锋感到惊讶。"我们只是普通人。"一位奶农告诉我。(在我向大众介绍赫尔曼森的第二年,他与其他获奖者分享了哥德堡可持续发展奖以及100万瑞典克朗的奖金。)

就我而言,离开萨姆索岛时,我不仅对岛上居民的奉献与投入印象深刻,也为自己不得不跨越大西洋才能找到这样的项目而感到悲哀。我认为这篇文章可以让人们意识到哪些行动是可能的,或许会有助于对抗美国社会萦绕在气候变化问题周围的无力感。然而,我至今仍没有听说美国境内存在过任何一项像萨姆索岛那样雄心勃勃的尝试。

2009 年奥巴马上任时,他发誓要对气候变化采取行动。与前任小布什形成鲜明对比的是,奥巴马任命杰出科学家担任了重要职位,包括担任美国国家海洋与大气局局长的海洋生态学家简·卢布琴科,出任能源部部长的诺奖得主、物理学家朱棣文,以及出任总统首席科学顾问的麦克阿瑟奖得主、物理学家约翰·霍尔德伦。在奥巴马的第一个任期内,白宫雄心勃勃地制定了新的汽车燃油效率标准。在他的第二个任期内,美国国家环境保护署提出了将发电厂的碳排放量减少近 30% 的法规。

当然,奥巴马在气候变化上的作为至多也只能算是毁誉参半。总体而言,美国的政治形势依然不容乐观。要实现气候科学家所说的减排目标,必须采取更为激进的立法行动。奥巴马上任第一年,立法似乎就有了眉目。2009 年春天,马萨诸塞州的民主党议员埃德·马基和加利福尼亚州的亨利·韦克斯曼推动众议院通过了一项法案,为主要排放源制订了"限额与交易"计划。(在这个曾在减少二氧化硫排放方面取得成功的计划下,公用事业公司和炼油厂必须取得二氧化碳排放许可证才可以合法排放,而这些许可证可以像商品那样被买卖。)但总统并没有在该法案背后施加多少政治推力,所以第二年它就在参议院寿终正寝了。

从那时起,众议院的控制权就已经转移到了共和党手中,否认或至少是淡化二氧化碳水平升高之风险的立法者令人惊讶地占据了诸多重要职位。众议院议长约翰·博纳就有句著名的言论:"认为二氧化碳是对环境有害的致癌物,这个想法真是滑稽。"

拨款委员会农业分会主席罗伯特·阿德霍尔特将自己视作是"相信地球目前正处于一个自然变暖周期的人群"的一员。众议院科学委员会主席拉马尔·史密斯最近声明:"气候变化是由包括自然周期在内的多元因素造成的。"过去几年里,众议院没有认真考虑过任何气候立法。在我写这篇文章的时候,它在可预见的未来颁布此类立法的可能性几乎为零。

与此同时,国际社会也在继续拖延。世界各国的领导人本应于2009 年在哥本哈根敲定《京都议定书》到期后的后续方案,却未能成功。他们替代性地提出了所谓的哥本哈根协议,这是一项不具约束力的协议,只是决定世界各国要努力将全球温度升高控制在 2 摄氏度(3.6 华氏度)以内,而科学家普遍认为,为了将温度升高控制在 2 摄氏度以内,二氧化碳水平不能超过 450 ppm(甚至连这个标准也可能定得过高了)。2009 年,全球二氧化碳排放量因为金融危机而略有下降。但随后就恢复了稳步上升的势头。2010 年已经攀升至 83 亿吨,2012 年更是达到了 93 亿吨。(尽管美国在累积排放量上仍然排名第一,但中国从 2006 年起就已经成为目前年排放量最高的国家,比预期提早了近 20 年。)那么,仅仅是为了将排放量稳定在 2005 年的水平,全世界所需要的"稳定楔"就不再是 7 个,而是9 个或 10 个。世界银行的一份报告警告说:"目前的排放趋势可能会让世界走上全球温度在 21 世纪内升高 4 摄氏度的道路。"许多科学家和政策制定者现在都认为,将升温控制在 2 摄氏度以内无论如何都不可能实现。事实上,它在通过这一控制标准时就已经不复可能了。《联合国气候变化框架公约》的前总干事伊沃·德布尔最近表示:"实现 2 摄氏度目标的唯一途径即是叫停全球经济。"2013 年春天,二氧化碳水平已经达到了 400 ppm。

　　"我们正处于一种不同寻常的困境之中,"戈尔副总统在一次有关气候变化的采访中对比尔·麦基本说,"政治上可行性的最大值, 208 即便是目前政治想象的最大值,也仍然低于科学和生态所必须的最小值。"

　　在写作本书的这些年里,我曾数百次用不同的方式提出过同一个问题:"我该怎么做?"人们试图向我寻求的既有可行的具体行动的建议,也有对他们这么做将会产生效果的保证。考虑到政治体系的麻痹、气候系统的滞后,以及"危险的人为干扰"的临界点很可能已经被突破,我很难向他们提供这种保证。我们已经显著地改变了世界,事实上很可能走向灾难。但即使灾难正在来临,行动和不行动还是两回事。未来几十年里,我们选择做什么或者不做什么,将决定我们自身这一物种以及与我们共享这个星球的无数其他物种的未来。我们仍有可能将升温控制在 2 摄氏度左右,当然也有可能令它飘升到 6 摄氏度甚至更多。而这两种可能性将意味着截然不同的两个世界。

　　　　　　　　2014 年 8 月于马萨诸塞州威廉姆斯镇　209

第十二章

变暗的海洋

翼足类动物是一种微小的海洋生物,属于分布广泛的浮游动物类。它们与蜗牛存在亲缘关系,借助一对翅膀状的胶状皮瓣游泳,通过将更小的海洋生物困在自己的黏液泡中来获取食物。许多翼足类动物(总共有近百种)有保护自己的外壳。而它们的捕食者则进化出了专门的触手,就好像食客使用餐叉来叉蜗牛一样。翼足类动物一开始是雄性的,但随着年龄的增长,它们会变成雌性。

加州大学圣马科斯分校的海洋学者维多利亚·法布里是世界上研究翼足类动物的顶尖专家之一。她身形娇小,说话细声细气,一头卷曲的黑发,一双蓝绿色的眼睛。法布里十几岁时曾去北卡罗来纳州周边的外滩游玩,从此一发不可收拾地爱上了海洋。从20世纪80年代初攻读研究生起,她就开始研究翼足类动物。当时,关于此类动物的许多最基本的问题还尚未得到解答,法布里决定将自

己的论文课题定为研究翼足类动物外壳的生长。她计划在水箱里
饲养翼足类动物,但马上就遇到了麻烦。翼足类动物受干扰时不会　　210
产生黏液泡,随后就慢慢饿死了。法布里尝试用更大的水箱来养翼
足类动物,但她最近回想起来,唯一的相关性仅仅在于:她花在改
进水箱上的时间越多,"它们死得就越快"。过了一段时间,她不得
不放弃饲养,转而不断地外出收集新样本。这也意味着法布里必须
搭乘每一艘可能搭载她的科考船出海。

　　法布里制订了一个简单到可以在海上完成但听起来有点残忍
的实验计划。她用网打捞或者用水肺潜水捕捉翼足类动物,把它们
放进装满海水的 1 升容量的瓶子里,再往里加入少量的放射性钙45
同位素。48 小时后,她将翼足类动物从瓶子里取出来,浸泡在温暖
的乙醇中,然后用镊子将它们的身体拔出来。回到陆地上之后,再
测量出翼足类动物的壳在被囚禁的两天里总共吸收了多少钙 45。

　　1985 年夏天,法布里在一艘从檀香山开往科迪亚克岛的科考
船上订到了一个舱位。旅行的后期,在阿拉斯加湾一个名叫"帕帕
站"的地点附近,她发现了大量的尖菱蝶螺(*Clio pyramidata*)。这
是一种半英寸长的翼足类动物,外壳就像一把打开的雨伞。法布里
热情高涨,收集了非常多的样本。她没有像以往那样一个瓶子里只
放两三只,而是塞进了整整一打。第二天,她发现坏事了。"正常情
况下,它们的壳是透明的,"她说,"看起来就像小宝石、小珠宝,非
常漂亮。但我观察到的边缘已经变得不再透明,呈现出白垩质了。"　　211

　　和其他动物一样,翼足类动物吸进氧气并释放二氧化碳。在开
阔的海域里,它们产生的二氧化碳没什么影响。但如果把它们密封
在一个小容器里,二氧化碳开始积聚,就改变了水的化学组成。法
布里将尖菱蝶螺塞得过于拥挤,结果表明有机体对这种变化高度敏

感。它们的壳非但没有生长，反而开始溶解。毫无疑问的是，其他翼足类生物（事实上也许包括了所有的有壳物种）也同样脆弱。这本该是个重大发现，给人们带来警示。但正像诸多意外突破所经常经历的那样，它在当时并没有受到重视。船上所有的人，包括法布里本人在内，都没有意识到翼足类动物试图传达给人类的信息，因为当时没有人能够想象整个海洋的化学组成正在发生变化。

工业革命以来，人类燃烧的煤炭、石油和天然气，产生了 2 500亿吨碳。众所周知，这已经导致地球大气层发生了变化。如今空气中的二氧化碳浓度已达 380 ppm，比过去 80 万年（也许可能更久）里的任何时候都要高。按照目前的排放增长率，到 21 世纪中叶，二氧化碳浓度将超过 500 ppm，大约是前工业化水平的两倍。这种增长可能会在未来引发一系列的灾难，包括更猛烈的飓风、更致命的干旱、大部分现存冰川消失、北极冰帽融化，以及世界上众多重要沿海城市被淹没。但这还不是故事的全部。

海洋覆盖了地球表面的 70%。水和空气接触的地方都存在着物质交换。大气中的气体会被海洋吸收，同时溶解在水中的气体又被释放到大气中。当二者处于平衡状态时，溶解量与释放量大致相同。但由于我们已经改变了大气的成分，交换失去了平衡。从大气进入水中的二氧化碳，比从水中返回大气的二氧化碳要多。20 世纪 90 年代，来自七个国家的研究人员进行了近百次航行，从不同的深度和地点收集了七万多份海水样本。他们在 2004 年完成的对于这些样本的分析表明，自 19 世纪初以来，人类排放的二氧化碳有近一半被海洋吸收了。

二氧化碳溶解会形成碳酸，化学分子式为 H_2CO_3。在酸性物质中,碳酸是相对无害的(我们一直在可乐等碳酸饮料里喝到它),但是当碳酸累积到一定量时,它就会改变水的 pH 值。人类已经向海洋里注入了大约 1 200 亿吨碳,使其表面的 pH 值下降了 0.1。和里氏震级一样,pH 值是一个对数指标,因此下降 0.1 意味着酸度上升30%。这一进程通常被称为"海洋酸化",尽管更准确的说法应该是海洋碱度下降。仅今年一年,海洋将额外吸收 20 亿吨碳,明年预计还有 20 亿吨。实际上,每个美国人每天都向海洋里添加了 7 磅碳。

　　由于深海环流的缓慢速度和大气中二氧化碳的长寿命,已然发生的海洋酸化不可能逆转。我们也不可能阻止海洋酸化的进一步发生。即便我们明天就有办法停止向大气排放二氧化碳,海洋仍将继续吸收二氧化碳,直至与大气达到新的平衡。正如英国皇家学会2005 年的一份报告指出:"海洋的化学组成将需花费数十万年的时间才能恢复到与前工业时代相当的状态。"

　　人类以这种方式开启了地质层级的变化。接下来的问题即是海洋生物将如何应对这一变化。虽然海洋学者才刚刚开始处理这个问题,但其早期阶段的发现就足以令人不安了。几年前,法布里终于从仓库里取出了不透明的贝壳,开始用电子显微镜仔细地观察它们。她发现贝壳的表面布满了凹坑。其中的一些凹坑已经演变成了切口,而且贝壳的上层开始脱落,露出了下面的一层。

213

214

　　"海洋酸化"这一术语是 2003 年由加州北部的劳伦斯·利弗莫尔国家实验室的两位气候科学家肯·卡尔德拉和迈克尔·威克特新创的。卡尔德拉后来去了斯坦福校园里的卡内基研究所。2006年夏天,我去他的办公室拜访了他。这间办公室坐落在一栋"绿色"建筑里,看起来就像个被拆散后又很不自然地重新组装起来的谷仓。这栋建筑里没有空调，温控要靠往大堂里一间铺着瓷砖的房间喷水雾来实现。我访问那里的时候，加利福尼亚正处于一场破纪录的热浪之中，但卡尔德拉的办公室里即使不能算是很凉爽，至少也是比较舒适的。

卡尔德拉是个身材修长的男人，他有一头粗硬的棕色头发，脸上带着孩子气的微笑。20世纪80年代，他在华尔街做软件开发工程师，纽约证券交易所是他的客户之一。他为交易所设计了侦测内幕交易的计算机程序。这些程序按照预期运行了一段时间，但是卡尔德拉认为纽约证券交易所其实对逮到内幕交易者并不感兴趣，遂决定转行。他回到纽约大学上学，最终成了一名建模师。

卡尔德拉不同于大多数专注于气候系统的某个特定方面的建模师，他无论何时都同时从事着四到五个不同的项目。他尤其喜欢刺激的或脑洞大开的计算。比如，不久前他曾计算出，砍伐世界上所有的森林而代之以草地会带来轻微的降温效果。（因为草原比森林颜色浅，吸收的阳光较少。）卡尔德拉最近的计算表明，为了跟上当前的温度变化速度，动植物必须每天向极地方向迁移30英尺，而燃烧化石燃料产生的二氧化碳，在大气中留存期间所捕捉的热量大约是产生这些二氧化碳所释放的热量的10万倍。

1999年，卡尔德拉开始为能源部工作，主要负责为二氧化碳对海洋的影响建模。能源部想知道，如果从工厂的烟囱里捕捉二氧化碳，并将其注入深海会对环境造成怎样的后果。卡尔德拉动手计算了向深海注入二氧化碳后海洋的pH值的变化，并将这一结果与目前向大气注入二氧化碳并让其被表层海水吸收的做法进行比较。2003年，他向《自然》杂志提交了自己的研究。他回忆说，杂志编辑建议他暂且放下向深海注入二氧化碳的问题，因为光是向大气排放二氧化碳的常见后果预测就已经非常惊人了。卡尔德拉发表了他论文的第一部分,副标题为"未来几个世纪的海洋酸化将甚于过去3亿年"。 216

卡尔德拉告诉我,他故意选择了"海洋酸化"这个术语,因为它具有更强的震撼力。天然海水是碱性的,pH 值在 7.8 到 8.5 之间(pH 值为 7 时是中性的)。这意味着,至少就目前而言,海洋离真正变成酸性还有很长的路要走。相较之下,若从海洋生物的角度来看,pH 值下降本身还没有随之发生的一系列化学反应来得更重要。

贝壳的主要成分是碳酸钙。(多佛的白色悬崖就是一个巨大的碳酸钙矿床,是白垩纪时期堆积起来的无数微小海洋生物的遗骸。)海洋生物生成的碳酸钙主要有两种形式:文石(aragonite)和方解石(calcite),二者的晶体结构略有不同。不同的生物究竟是如何形成碳酸钙的,这仍然是个谜。通常情况下,海水中的碳酸钙不会以固体形态析出。为了建造外壳,钙化生物实际上必须将其收集组装起来。向水中注入碳酸会使它们的工作变得复杂,因为这会减少水流循环中碳酸盐离子的数量。如果用科学术语来说,就是"降低了碳酸钙在水中的饱和度"。这实际上意味着减少了海洋生物用于制造外壳的材料供给。(不妨想象一下,你在有人不停偷砖头的情况下建造一座房子。)一旦碳酸盐浓度降到足够低,就连已经形成的贝 217壳,比如法布里的翼足类动物贝壳,也将开始溶解。

为了用数学概念来解释未来的海洋形态,卡尔德拉绘制了一组图表。一根轴上标出的是文石的饱和度;另一根轴上标出的是纬度。(海洋纬度很重要,因为越靠近两极,饱和度就越低。)不同颜色的线条代表着不同的排放预测。一些预测认为,世界经济将继续快速增长,这种增长主要由石油和煤炭驱动。另一些预测则认为经济增长会更加缓慢,还有一些预测认为未来的能源结构将远离化石燃料。卡尔德拉考察了四种已经进行过大量研究的预测情景,最乐观的情景简写为B1,而最悲观的为A2。卡尔德拉绘制这些图表原本是想表明不同的情况将会产生不同酸度的海洋,但结果表明,与其预想的相比,这些场景的结果其实很接近。

在这四种场景中,到了21世纪末,南极洲周围水域的文石将变得不饱和。文石是翼足类动物和珊瑚产生的碳酸钙形式,当海水中的文石变得不饱和,贝壳就会被腐蚀。同时,表层海水的pH值将再下降0.2,从而使酸度大约比前工业化时代增加一倍。为了进一步展望未来,卡尔德拉模拟了人类如果燃烧掉世界上所有化石燃料的余量将会发生什么,这一过程将释放大约1.8万亿吨二氧化碳。他发现,到2300年,从两极到赤道的海洋都将变得不饱和。随后,他模拟中的人类将更进一步,将低品质页岩这类非常规燃料都燃烧殆尽。在这种情况下,我们会将海水的pH值拉到非常低的水平,以至于海洋几乎接近酸性了。

"我过去将B1视作最乐观的预期情景,而将A2当作最糟糕的预期情景,"卡尔德拉告诉我,"现在我将它们视作不同类型的糟糕情景。"

他接着说:"我认为有整整一大类已经存在了数亿年的生物,即长有碳酸钙外壳或骨架的生物,正面临着灭绝的风险。粗略地讲,如果我们将排放量减少一半,那么造成这一破坏的时间将会延长一倍。当然,最终我们仍会落得相同的下场。因此为了避免它,我们真正需要的是一个不同数量级的减排。"

卡尔德拉说,他最近曾前往华盛顿,向一些国会议员介绍情况。"有人问我:'大气中二氧化碳合适的稳定值是多少?'"他回忆道,

"我回答道：'从稳定目标去考虑是不合适的。我认为我们应该从排放目标去考虑。'他们说：'好吧，合适的排放目标是多少？'我答曰：'零。'

"你如果谈论抢劫小老太太，你不会问：'我们对小老太太的抢劫率目标是什么？'你会说：'抢劫小老太太是件坏事，我们应该努力杜绝它。'你当然知道不可能百分之百地达成目标，但你的目标是219杜绝针对小老太太的抢劫行为。我认为我们最终需要用同样的方式来看待二氧化碳排放。"

从北纬30度到南纬30度，延绵不绝的珊瑚礁就像围在地球腹部的皮带一样。世界上最大的珊瑚礁是位于澳大利亚东北部海岸的大堡礁，第二大珊瑚礁则位于伯利兹海岸。大量的珊瑚礁存在于太平洋的赤道区域、印度洋和红海，而加勒比海则有许多规模较小的珊瑚礁。据估算，这些珊瑚礁是25%的海洋鱼类的家园，代表着地球上某种最为多样化的生态系统。

有关珊瑚礁和海洋酸化的大部分已知信息最初都是在亚利桑那州发现的，这个名叫生物圈2号（Biosphere 2）的区域是一个自我封闭，据说也自给自足的世界。生物圈2号是一个状如金字塔、占地3英亩的玻璃结构建筑，在20世纪80年代后期由某个私人团体（大部分资金来自亿万富翁爱德华·巴斯）建造，旨在论证如何在火星上重建地球（生物圈1号）生命。这座建筑包括了一个人工"海洋"、一座人工"雨林"、一个人工"沙漠"和一个人工"农业区"。第一组生物圈居民（四男四女）设法在封闭的室内待了两年。他们自己生产食物，在很长的一段时间里只呼吸循环空气，但人们普遍220认为这个项目失败了。生物圈里的人大部分时间都处于饥饿状态，更糟糕的是,他们失去了对人造大气的控制。在常规"生态系统"中,腐烂分解的过程吸收氧气,释放出二氧化碳,而光合作用的过程则正好相反,二者本该相互平衡。但由于"农业区"使用的土壤肥沃,分解活动胜于光合作用。建筑里的氧气水平持续下降,生物圈居民出现了类似高原反应的疾病。二氧化碳水平飙升,一度达到3 000 ppm,约为外界水平的八倍。

1995 年,生物圈 2 号官宣崩溃,哥伦比亚大学接管了这座建筑。哥大计划将其改造为教学研究场所。一位名叫克里斯·兰登的科学家负责设计其"海洋"部分(即一个奥运会泳池大小的水池),使其在教学中派上用场。兰登的专业是测量光合作用,他刚刚完成了一个由美国海军资助的项目,他们想弄清茂盛生长的发光藻类能否用来追踪敌人的潜艇。(答案是不能。)兰登正在寻找新的项目,但他并不确定这片"海洋"适合用来做什么。他首先测试了水的各种性质。正如预期的那样,他发现在二氧化碳如此之高的环境下,"海洋"的 pH 值很低。

"我做的第一件事是尝试建立起正常的化学组成,"他回忆道,"我向水中加入了化学物质,主要是小苏打和发酵粉,好让 pH 值回升。"一周之内,pH 值开始再次下降,他不得不往里面添加了更多的化学物质。可是同样的状况又再次上演。"每次我这样做,它都会下降,下降的速度与浓度恰好是成比例的。我加得越多,它降得越快。于是,我开始思考,这里面究竟发生了什么? 然后我开始明白了。"

2004 年,兰登离开了哥伦比亚大学。现在他供职于迈阿密大学的海洋与大气科学学院。他有着高高的额头、深陷的蓝眼睛和方下巴。我去拜访时,他带我去参观了办公室对面街道上的一个水生

221

苗圃,那里生活着他养的珊瑚样本。路上,我们经过了一个装满一箱箱紫色海蛞蝓的房间,这些海蛞蝓是用来做医学实验的。前排是大约半英寸长的幼体海蛞蝓,它们优雅地漂浮着,仿佛悬停在明胶之中。后排则是实验室用大量食物喂养了几个月的海蛞蝓,体形和我的前臂差不多大,肥得仿佛几乎无法抬起它们疙疙瘩瘩、略微发紫的脑袋。

兰登的珊瑚附着在下陷长水槽底部的瓷砖上。它的种类多达数百种,并以此分组,有摩羯鹿角珊瑚(*Acropora cervicornis*,鹿角珊瑚的一种,形状长得很像典型的鹿角)、巨星珊瑚(*Montastrea cavernosa*,长得像海里的仙人掌)、细手指珊瑚(*Porites divaricata*,由多块油灰色突起组成的分支珊瑚)。水正流入水箱,但是当兰登用手堵在龙头前拦住水流的时候,我们可以看见细手指珊瑚的每一个裂片上都布满了粉色的小手臂,而每一只手臂的末端都长着柔软的手指状触手。手臂疯狂地挥舞着,像是很欣喜,又像是在恳求。

兰登解释说,这些手臂属于不同的珊瑚虫,珊瑚礁则由成千上万只珊瑚虫组成,它们就像是抹在一具死亡的钙化骨骼上的一层灰泥。每只珊瑚虫都是一个独立的个体,有自己的触手和消化系统,为一种名叫虫黄藻的共生藻类提供了生存场所,而虫黄藻则向珊瑚虫提供了它所需的大部分营养。与此同时,每一只珊瑚虫都通过一层薄薄的连接性细胞组织和相邻的珊瑚虫连在一起,而所有的珊瑚虫都附着在群落共有的钙化骨骼上。单个珊瑚虫将钙离子和碳酸盐离子结合在胞外钙化液这种介质中,不断地为群落的骨骼添砖加瓦。与此同时,蓝鹦嘴鱼、海绵等其他海洋生物,为了寻找食物或庇护,又在不断地侵蚀着珊瑚礁。如果珊瑚礁停止钙化,它就会开始收缩,直至最终消失。

222

"这就像一棵生了虫子的树,"兰登解释说,"珊瑚礁需要快速增长才能保持平衡。"

223　　　兰登曾努力控制生物圈"海洋"的 pH 值,可惜未能取得成功。他开始琢磨水箱里的珊瑚虫是否该为失败负责。生活在生物圈里的人曾经喂养过二十种不同的珊瑚。尽管其他许多生物(包括几乎所有入选该项目的脊椎动物)都死掉了,珊瑚却存活了下来。兰登想知道他为了提高 pH 值而添加的化学物质是否通过增加饱和状态刺激了珊瑚的生长。当时,这似乎是一个不可能的假设,因为海洋生物学家普遍认为珊瑚对于饱和度的变化并不敏感。(在许多教科书中,珊瑚钙化的分子式仍然不对,这也解释了上述观点流行的原因。)几乎所有人,包括兰登自己带的博士后——一位名叫弗朗西斯卡·马鲁比尼的年轻女子,都认为他的理论是错误的。"这真是太令人沮丧了。"兰登回忆道。

为了验证自己的假设,兰登采用了一个直截了当却费时费力的实验程序。由于"海洋"环境以系统性的方式变化,那么他便对珊瑚的生长状况予以监测。这项实验花了三年多时间方才完成,测量达 1 000 多次,最终证实了兰登的假设。它揭示了珊瑚的生长速度和海水的饱和度之间存在着一定程度的线性关系。通过证明饱和度增加会刺激珊瑚生长,兰登当然也证明了它的反面:当饱和度下降,珊瑚的生长会变慢。在生物圈 2 号的人工环境中,这一发现的

224　启示是饶有趣味的;但在现实世界里,它们却是相当严峻的。海洋饱和度发生任何程度的下降似乎都会使珊瑚变得更加脆弱。

2000 年夏天,兰登和马鲁比尼在《全球生物地球化学期刊》上发表了他们的发现。彼时仍然有很多海洋生物学者怀疑这一结论,这在很大程度上是因为这项研究与声名扫地的生物圈项目存在关

联。2001 年,兰登卖掉了自己在纽约的房产,搬到了亚利桑那州。他又花了两年时间重新做实验,各方面的条件控制也更加严格。实验结果基本相同。与此同时,其他研究人员对不同的珊瑚种类进行了类似的实验。他们得出的结论如出一辙,正如兰登对我说的:"这是让人们相信的最好方式。"

　　珊瑚礁受到威胁的原因有很多:船底拖网捕鱼、炸药捕鱼、海岸侵蚀、径流农业,以及如今的全球变暖。当水温上升过高,珊瑚会赶走给它们供养的藻类。(这一过程被称为"漂白",因为没有了虫黄藻,珊瑚看起来就是白的。)对于某种特定的珊瑚礁来说,这些威胁中的任何一个都可能是致命的。海洋酸化带来了另一种威胁,它将使礁石不再可能形成了。

　　饱和度水平由一个复杂的公式决定。这一公式将钙离子和碳酸盐离子的浓度相乘,然后再除以化学计量溶度积的数值。工业革命之前,世界上主要的珊瑚礁都生长在文石饱和度水平在 4 到 5 之间的水中。如今,全球海洋中很少有哪个海区的饱和水平高于 4.5,只有澳大利亚东北海岸、菲律宾海和马尔代夫附近的少数几个地点,饱和度水平高于 4.5。由于海洋吸收二氧化碳是一个可以预测的物理过程,因此精确地绘制未来饱和度水平的地图是可能的。假设目前的排放趋势继续下去,到 2060 年,将不会有任何地区的饱和度水平高于 3.5。到 2100 年,所有地区都将低于 3。

　　随着饱和度水平的下降,珊瑚礁通过钙化来增添文石的速度,与生物侵蚀所导致的文石流失速度将开始彼此接近。在某个特定的节点上,二者相交,礁石开始消失。交汇点的确切定位很难预估,因为侵蚀很可能会随着海洋 pH 值的降低而加速。兰登估计,在

225

"一切照旧"的排放方案下,当大气中的二氧化碳水平超过650 ppm,那么大约2075年前后,我们的世界就会到达这个交汇点。

"我认为这是气候剧变的绝对极限,这是人们无法应付的极限。"他告诉我。有些研究人员把极限定得稍高一些,有些则定得稍低一些。

与此同时,全球气温攀升,海洋漂白可能会变得越来越普遍。1998年,全世界海洋出现了大面积的漂白;2002年,大堡礁又发生了一次。2005年夏天,加勒比的海珊瑚礁再次遭受严重的漂白事件。总的来说,酸化和海洋温度上升对珊瑚礁来说意味着进退维谷:"温度宜人的地区,饱和度水平也变得越来越不宜人,反之亦然。"

科罗拉多博尔德国家大气研究中心的珊瑚礁科学家乔安妮·克莱帕斯告诉我:"漂白是一种会杀死珊瑚的急性压力,而酸化则是一种阻碍它们复原的慢性压力。"克莱帕斯说,她认为随着海洋变暖,一些珊瑚会迁徙到纬度更高的地方,然而由于那里的饱和度较低,光照条件也不同,迁徙者的规模将严重受限。"也许有一天,你还会发现珊瑚,却再也找不到珊瑚礁了。"她说。

热带海洋通常营养贫乏,它们有时被称为液体沙漠。珊瑚礁则布满了生命,人们通常将其比作雨林。这种沙漠中的雨林效应构成了一个高效循环的系统。通过这一系统,营养物质从一个珊瑚礁生物传递到另一个珊瑚礁生物。据估计,珊瑚礁及其附近至少生活着100万种不同的物种(也许达到了900万种)。

澳大利亚昆士兰大学的珊瑚礁专家欧夫·霍格-古德贝格就是这么告诉我的:"保守估计,珊瑚礁里面和周围大约生活着100万种生物,一些生物游弋在珊瑚礁周围,有时也能在没有珊瑚的环境中发现它们。但大多数的物种完全依赖珊瑚存活,它们在珊瑚周围居住、进食和繁殖。当我们眼看着珊瑚在漂白事件中遭到破坏时,这些物种也随之消失了。关键问题是,这些物种的脆弱程度到底如何。这是一个非常重要的问题,但目前我们只能说,有 100 万种不同的生物受到了威胁。"

他接着说道:"这是一件极端重要的事情,怎么强调都不为过。这是个生死攸关的局面。"

大约就在兰登于生物圈中进行珊瑚实验的同时,一位名叫乌尔夫·里贝塞尔的德国海洋生物学者决定研究一种被称作颗石藻(coccolithophores)的浮游藻类的习性。颗石藻生产出一片片小碟片(这种碟片被称作颗石),像盔甲一样排列在自己的周围,形成了一种球囊结构。(在电子显微镜下,它们看起来就像一个个被按钮覆盖的球。)颗石藻非常小,也很常见,直径只有几微米。里贝塞尔研究过其中一个物种——赫氏圆石藻(*Emiliani huxleyi*),它的花朵可以覆盖 4 万平方英里的海洋,将大片海域变成神秘的乳蓝色。

里贝塞尔在实验中向颗石藻的水箱中注入了二氧化碳,以模拟大气浓度上升后的效果。他研究的赫氏圆石藻和大洋桥石藻 228 (*Gephyrocapsa oceanica*)都对这些变化反应剧烈。随着二氧化碳水平的上升,不仅生物的钙化速度减缓了,它们还开始生产畸形的颗石和病态的球囊。

"对我而言,这意味着我们将面临巨大的变化,"在德国基尔的莱布尼茨海洋科学研究所工作的里贝塞尔告诉我,"如果一整个群落的钙化物从环境中退出,还会有其他生物来代替它们的位置吗?填补这一空隙的进化速率是多少? 想要在实验中解答这些问题是非常困难的。这些生物在其整个进化历程中都从未遇到过这种情况。既然是从未遇见过,那么或许也是很难应对的。"

钙化生物有着千奇百怪的形状、大小和类目。海星等棘皮动物是钙化生物。蛤蜊、牡蛎等软体类动物,藤壶等甲壳类动物,大量的苔藓或海床物种,以及有孔虫等微小原生生物,也都是钙化生物。这个名单不胜枚举。如果没有实验数据,我们就不可能知道哪些物种更容易受到海洋 pH 值下降的影响,而哪些物种不会。在自然界里,水的 pH 值会随着季节甚至一天中的时段而发生变化,很多物种至少在一定的限度内应当能够适应变化的环境。不过,对数万种生物物种一一进行实验显然是不切实际的。(到目前为止,人类只试验了几十种。)与此同时,正如珊瑚礁的例子表明的那样,相较于酸化将如何影响某种特定的生物,它对整个海洋生态系统的影响才是更重要的问题。而对于这个问题,即使那些最耗资耗时、最野心勃勃的实验方案也无法给出回答。英国皇家学会在 2005 年的报告中指出,生物群落将如何应对是"不可能预知的",但它随后又指出,"如果不采取重大行动来减少二氧化碳的排放量",那么"在未来的海洋里,我们今天所知的众多物种和生态系统将再无立足之地"。

卡罗尔·特里是英国普利茅斯海洋实验室的资深科学家,也是英国皇家学会报告的作者之一。她发现 pH 值不仅是钙化过程的一个关键变量,而且还是诸如养分循环等其他重要的海洋进程的关键变量。

"看起来我们将改变食物链的很多层级,"特里告诉我,"我们可能会影响初级生产者,还可能会影响浮游生物的幼虫。我认为可能发生的状况——这纯粹是我的猜测——是食物链可能会缩短,只有一到两个物种位于食物链顶端。比如,我们将会看到大量水母和类似的物种,这是一条非常短的食物链。"

1980 年创造"生物多样性"一词的托马斯·洛夫乔伊将海洋酸化的影响比作"逆向进化的过程"。

"对于生活在陆地上的生物来说,最重要的两个因素是温度和湿度,"任教于乔治·梅森大学的洛夫乔伊告诉我,"而对于水生生物来说,最重要的两个因素是温度和酸度。因此这是一个意义深远的变化。由于碳酸钙对海洋中的许多生物来说都至关重要,哪怕对处于食物链底端的生物来说也是如此,因此酸化将在海洋生态系统中激起层层涟漪。如果你退一步看,这就好比你或我去参加一年一度的体检,身体的化学指标出现了变化,医生看起来忧心忡忡。这是一个波及全身的系统性变化。它可能导致食物链的崩溃,渔场最终将不复存在,因为我们从海洋里捕获的大多数鱼都处于食物链的顶端。你也可能会看到这些变化将有利于无脊椎动物,水母可能会主宰海洋。"

里贝塞尔如是说:"风险在于,它最终可能引发黏液状生物的疯狂生长。"

古海洋学者的研究对象是地质史上的海洋。在很大程度上,其研究依赖从海底抽取上来的沉积物,其中包含着一个有待解码的巨大资料库。通过分析古代贝壳里的氧同位素,古海洋学者可以回溯至少 1 亿年前的海洋温度,可以确定地球上究竟有多少地方曾经被冰川覆盖;通过分析矿物颗粒和"微生物化石",可以绘制出古代水流和风向的地图;通过检查有孔虫的遗骸,可以重建海洋 pH 值的历史。

2006 年 9 月,在哥伦比亚大学拉蒙特-多尔蒂地球观测站主办的一次会议上，20 多名古海洋学者和数量差不多的海洋生物学者碰面了。会议的主题是"海洋酸化：现代观测与古代经验"，旨在用古海洋学的方法来展望未来。（讨论海洋酸化问题的群体仍然人数较少，我在会议上几乎遇到了一半曾与我谈论过这一话题的人，包括维多利亚·法布里、肯·卡尔德拉和克里斯·兰登。）会议第一天的大部分时间都在讨论一场名为"古新世-始新世极热事件"（the Paleocene-Eocene Thermal Maximum）的生态危机。

古新世-始新世极热事件发生在 5 500 万年前，即古新世结束、始新世开始的时候。当时突然有大量的碳被释放到大气中。全球气温随之飙升。北极的气温升高了 10 华氏度，南极的气候也变得温和起来。大概因为这一事件，脊椎动物的进化转向了一个全新的方向。大量古代的哺乳动物灭绝，取而代之的是全新的物种：今天的鹿、马和灵长类动物的祖先全都出现在古新世-始新世极热事件时期。神奇的是，这些新物种的体形都偏小，最早的马不比今天的贵宾犬大。人们相信，炎热干燥的环境更有利于小体形动物生存。

海洋的温度急剧上升，大量二氧化碳使海水变得越来越酸化。海洋沉积物显示，许多钙化生物都消失了。例如，超过 50 种有孔虫灭绝了，而其他曾经罕见的物种则逐渐占据主导地位。死亡的钙化生物空壳不再在海底日常堆积。古新世-始新世极热事件在洋核里最为生动的体现，便是夹在厚厚的碳酸钙层之间的红色黏土层。

没有人确切知道古新世-始新世极热事件中释放的碳元素究竟是从哪儿来的，又是什么触发了它的释放。（冻结在海底的"甲烷水合物"天然气储藏是可能的来源之一。）这次事件总共释放了 2 万亿吨碳，是工业化开始以来人类向大气中排放的碳总量的 8 倍。这显然在体量上有着巨大差异，但会议的共识是，如果彼时和现在还存在另外的差异的话,那就是古新世-始新世极热事件的后果还不够严重。

海洋有一种内置的缓冲能力:如果海水的 pH 值开始下降,沉积在海底的贝壳和贝壳碎片就会开始溶解,从而将 pH 值再次推高。假设酸化与深海环流同期发生,那么这种缓冲机制将会非常高效。(海洋表层的水和海底的水完全交换一次需要数千年。)古海洋学家估计,古新世-始新世极热事件期间碳的释放时间在 1 000 年到 10 000 年之间(记录不够详细,因此无法给出更准确的数字),如果碳释放发生得太快,海洋就无法彻底完成缓冲过程。目前,二氧化碳被排放到大气中的速度至少是古新世-始新世极热事件期间的 3 倍(也许是 30 倍)。速度实在是太快了,以至于海洋沉积物的缓冲几乎起不到什么作用。

"在我们这里,所有负荷都施加给海洋表层,"加州大学圣克鲁兹分校的古海洋学者詹姆斯·扎克斯告诉我,"如果非要两相比较的话,古新世-始新世极热事件已经是最乐观的情况了。"肯·卡尔德拉认为未来地球最贴切的类比对象应该是发生在 6 500 万年前的白垩纪-第三纪边界事件,当时一个直径 6 英里的小行星撞击了地球。它带来的后果除了沙尘暴、火灾和海啸,据说还产生了大量硫酸。

"与我们未来几个世纪所能做的事情相比,白垩纪-第三纪边界事件更极端,持续时间也相对较短,"卡尔德拉说,"但是当我们燃尽常规的化石燃料资源之时,我们的所作所为就在极端性上具有了可比性,而且它的后果将持续千年而不是数年。"超过三分之一的海洋动物种属在白垩纪-第三纪边界事件中消失了。一半的珊瑚物种也随之灭绝了,另一半则花了 200 多万年才恢复过来。

233

　　最终,海洋将吸收人类排放的大部分二氧化碳。(从长期来看,这一数字将接近 90%。)从有利的方面看,海洋已经让我们行了大运。假设没有它来提供这样一个巨大的碳槽,人类排放的几乎所有二氧化碳就将储存在大气中。而如今大气浓度将接近 500 ppm,预计到 21 世纪末,灾难就已然降临在我们身上。现在的我们之所以仍有机会采取措施来避免全球变暖最严重的后果,这在很大程度上要归功于海洋。

　　当然,这种计算可能会产生误导性。正如海洋酸化过程所表明的那样,陆地上的生命和海洋里的生命可以用我们意想不到的方式相互影响。例如,人们在新泽西的高速路上驱车和钙化生物在南太平洋里分泌贝壳,这两个看起来毫不相干的行为,结果却存在关联。改变海洋的化学成分要冒很大风险,因为这不只关乎海洋。

234

235 　　　　　　　　　　　　　　　　　　　*初次发表于 2006 年 11 月*

第十三章

非常规原油

　　麦克默里堡位于阿尔伯塔省北部,坐落在阿萨巴斯卡河两岸分布不规则、连绵起伏的小山坡上。这里有十几家支票兑现点、十几家酒店以及一座名叫"新兴都市赌场"的博彩中心。此地还有一家博物馆,专门收藏该地区最重要的资源——阿尔伯塔沥青砂。展品包括了一个 8 英尺的电机转子,150 吨载重卡车的部分车体,以及一台巨大无比的泵。博物馆入口处有一座盖着透明塑料圆顶的黑色土丘。指示牌邀请参观者用一个可伸缩的小耙子在土丘里乱刨,然后掀开盖子来闻一闻。沥青砂看起来像泥土,闻起来却像是柴油。

　　沥青砂的分布范围位于萨斯喀彻温省边界附近,与埃德蒙顿市的纬度相当,向北和向西延伸至不列颠哥伦比亚省,主要有三个矿床。它们一共覆盖了 5.7 万平方英里的土地,大约相当于佛罗里达州的面积大小。人们认为它们是在 7 000 万年前,被隆起的洛基山脉推到现在的位置的。

沥青砂中含量最高的物质是石英岩、黏土和水,第四种成分是一种名为"沥青"的重烃混合物。沥青可以被用作密封剂(据说"木乃伊"一词就来源于古波斯语中的沥青)和铺路材料。有了合适的技术,这种物质也可以转化为一种被称为合成原油的石油。

估算世界石油供应量的方法有两种。一种只考虑常规储量,仅估算从地下涌出的石油。人们对常规储量的估算结果差别很大,但大多数分析表明,它们的产量将在几十年后开始下降(如果目前还没有下降的话)。所谓的石油峰值论者预测,这种发展趋势会导致包括停电、粮食短缺和总体经济崩溃在内的各种可怕后果。另一种估算方法是将目光从常规储藏转向非常规储藏,比如沥青砂。

据估计,阿尔伯塔省的沥青砂足够生产 1.7 万亿桶合成原油。即便假设其中只有10%可供开采,它的石油储量也只仅次于沙特阿拉伯,比科威特、挪威和俄罗斯的储量总和还要多。除了加拿大,世界上许多其他地方也可以找到非常规石油。比如委内瑞拉东部就有一片奥里诺科重油带,包含储量巨大的沥青砂矿。而科罗拉多州、犹他州和怀俄明州的部分地区也有厚厚的一层油页岩,人们称之为"绿河油页岩"。甚至煤炭也可以转化为液体燃料。第二次世界大战期间,纳粹采取了一种名为费托合成的煤炭液化技术,现如今好几个国家都在使用该技术,特别是南非在种族隔离时期在这项技术上投入了大量资金。如果建造足够多的煤炭液化工厂,像蒙大拿州和西弗吉尼亚州这样的地方有朝一日便可能成为主要的石油生产地。

在麦克默里堡,全球第一轮非常规原油的繁荣已经开始了。自

2002 年以来,壳牌、康菲石油、雪佛龙和帝国石油(主要由埃克森美孚持有)都获批建设沥青砂的重大项目;道达尔也已宣布打算效仿。未来五年里,麦克默里堡地区的投资将预计超过 750 亿美元,这里的居民已经习惯地将之称为"麦克金钱堡"。

加拿大现在的沥青砂炼油日产量达到了 100 万桶,已经成为美国进口石油的第一大来源国。它向美国供应的原油超过了所有波斯湾国家的总和。如果你最近在科罗拉多州、俄亥俄州或印第安纳州(沥青砂正是在这里提炼为石油)购买过汽车汽油,那么你开车兜风时,油箱里消耗的很可能就是来自阿尔伯塔省北部的沥青砂提炼物。到 2010 年,沥青砂产量估计还将翻番,到 2015 年达到先前的 3 倍。从沥青砂及其他非常规资源中提取的原油,能将石油供应维持到 21 世纪中叶,甚至更久。这究竟是一个令人振奋的前景,还是一个骇人的情形,完全取决于你看待问题的角度。

在沥青砂领域,森科公司是历史最悠久的公司。(森科曾隶属太阳石油公司,也就是现在的森诺可公司,但如今它已经拆分出来独立经营了。)2007 年夏季的一天,我去参观了该公司占地数百平方英里的开采基地。在入口处迎接我的是一位如祖母般慈祥的向导格洛丽亚·杰克逊,她领着我拜访了森科公司的另一位高级职员达林·赞迪。"今天没有爆炸,这很好。"赞迪说道。她指的是公司会周期性地引爆炸药来松动沙子。我们驱车前往一座瞭望台,站在瞭望台上,映入眼帘的是森科公司最新的砂矿"千禧矿"。这座巨大的矿井里散落着一圈圈乌黑的土垒,这种布置宛若来自《神曲·地狱篇》的情景。

千禧矿于 2002 年开采。森科公司期望在未来 25 年内能够持续从里面开采出沥青砂。到那时,这个矿坑的直径将从现在的 3 英里变为 6 英里。我们开车越过了矿井的边缘,缓慢地向井底驶去。那里停着一台迈克·马利根①风格的挖土机。铲斗高悬于半空中,斗齿闪闪发光。赞迪说抬起其中的一个斗齿需要三十个人,"这能让你感受它的规模"。一辆巨大的卡车隆隆驶过。赞迪估计,它的载重有 300 吨。他说:"这还只是我们这里相对小型的设备。"这座矿山最大的卡车型号是卡特彼勒 797B,可以载重 400 多吨。它的轮胎高 12 英尺,驾驶室离地面则有 21 英尺。有人告诉我,驾驶这辆卡车就像驾驶一座大房子,你得从犹如楼上浴室的窗户里不时地向外窥望。

在千禧矿,沥青砂矿层从大约 100 英尺的深度开始,向下延伸约 150 英尺。开采之前,矿层上的一切(包括树木、灌木、草地、土壤、岩石、野生生物)全部都会被铲起运走。(这些东西被微妙地称为"覆盖层"。)沥青砂矿层底下有一层厚厚的石灰岩,这是曾经覆盖阿尔伯塔省的古老海洋的遗存。森科公司也开采一定量的石灰岩,用来在矿井内筑路。从覆盖层、沥青砂再到石灰岩,赞迪说:"我们每天要运送 100 万吨。"他指了指远处的一辆卡车,后者正在将大量沥青砂倾倒在一个状似平台的地方。这个平台实际上是一个炉箅,沥青砂通过它被注入一个巨大的热水罐中。

一车砂石大约只有 10% 是沥青;为了生产合成原油,其他 90% 必须被分离出来。沥青砂在热水箱里滚动翻转,分离出来的沥青被虹吸管吸走。森科公司每生产一桶合成原油,都需要挖掘和分离 4 500 磅沥青砂。

---

① 迈克·马利根,美国童书主人公,是一名蒸汽挖土机的操作员,其操作的挖土机风格独特可爱,深受孩子的喜爱。——编注

我们驶出这座矿坑,沿着沥青一路前行去往下一站"升级器"。
路上,我们经过一大片浑浊的水域,水面上漂浮着油渣。几十个被
固定在空桶上的稻草人样物体在水里上下浮沉。格洛丽亚·杰克
逊解释说,这是残渣池。里面盛装的是分离过程中用过的废水,由
于水被汞和其他毒素重度污染过,所以它无法再排回阿萨巴斯卡河
了。(森科有 9 个这样的池塘,总面积达到了 11 平方英里。)稻草人
被称为"沥青人",其用途是防止鸟类降落在池塘上,进而导致中
毒。每隔一分钟左右,天空中就传来丙烷炮低沉的响声,这也是用
来吓走鸟类的装置。沥青和普通原油的主要差异在于碳氢化合物
分子的大小。在液态石油里,这些分子含有 5 到 20 个碳原子,而在
沥青中,则含有 20 多个。(室温下,纯沥青非常黏稠,根本不会流
动。)升级器的主要工作是将较大的碳氢化合物分解成较小的单元。
我们沿着硫黄街、柴油巷等道路行驶,来到了一个巨大的炼油厂式 241
建筑群面前。这个建筑群覆盖了若干方形街区,有几十个烟囱和罐
子,还有数不清的管道。杰克逊解释道,在这些迷宫式的繁杂设备
中,沥青将在接近 900 华氏度的高温下"爆裂"。然后,它们以合成
原油的状态,被管道输送至美国或加拿大拥有专门设备的炼油厂,
其中的大部分转化成运输燃料,如轿车用汽油、卡车用柴油和飞机
用航空燃油。(森科公司在丹佛附近拥有一家加工沥青砂油的炼油
厂。)我曾告诉杰克逊我家有一对双胞胎儿子,因此这段旅程结束的
时候,她递给我两个黄色的火柴盒大小的卡特彼勒 797B 卡车模型。

美国历史上的石油时代始于 1859 年。在这一年,一位名叫埃
德温·L. 德雷克的前铁路列车长在宾夕法尼亚州泰特斯维尔附
近,成功地钻探出全美第一口油井。加拿大的采油历史则可以追溯

到前一年。1858 年,一位名叫詹姆斯·米勒·威廉姆斯的生意人决定在安大略省熊溪镇外挖一口水井。谁知他挖出的不是水,而是石油。

不久后,从沥青砂中提取石油的努力也开始了。19 世纪下半叶,一个创业者和骗子在麦克默里堡附近打了几十口井。(这个声称自己在这里开采过石油的德国移民,显然是自己将这些东西倒进了井里。)最终,这里当然没有发现石油,人们于是将注意力转向开采沥青砂。1930 年,一个名叫罗伯特·菲茨西蒙斯的前农场主创立了第一家商业性质的沥青砂分离工厂。1938 年,菲茨西蒙斯为了躲避债主,举家逃离了加拿大。

1956 年,美国地质学家曼利·纳特兰居然提出了利用原子弹来增加产量的想法。纳特兰推断,"热核装置"可以放置在沥青砂层下面的石灰石中引爆。它会产生许多孔洞,被加热到 1 000 华氏度以上的沥青可以流进去,然后从这些孔洞中收集起来。渥太华和华盛顿的高层都曾认真考虑过这个设想。美国原子能委员会甚至同意提供一枚原子弹来测试纳特兰的理论,当然最终并没有付诸实施。(从 20 世纪 60 年代中期开始,苏联尝试过这一实验,引发了 6 次核爆炸来提升常规石油的产量。产量最终确实增加了,但不幸的是,大部分石油都有放射性。)

准确地说,从沥青砂中分离沥青仍然是一项有待改进的技术。森科旗下的沥青砂矿层距离地表很近,它们对沥青采取的是先露天开采后进行分离的作业。但大多数沥青砂埋得很深,以至于开采无利可图。这些地区采取的是一种被称为原位萃取的方法。原位萃取的原理与纳特兰的方案基本相同,只是它不使用原子弹。通常情况下,采矿公司会在砂层中钻出两口平行的水平矿井,并向上面的矿井里注入高压蒸汽,最终,沥青砂温度升高到足够热(大概400华氏度)的时候,沥青开始流入下面的矿井里。这一工艺的技术名称是蒸汽辅助重力泄油(SAGD)。

无论采取哪种方法,采矿都需要消耗大量的能量。通过采矿生产一桶合成原油大约需要耗费810兆焦耳的能量,相当于八分之一桶石油的能量。而通过SAGD技术生产一桶合成原油则需要耗费超过1600兆焦耳,也就是四分之一桶石油的能量。这也就意味着,每通过SAGD技术提取三桶原油,实际上就有一桶原油已经被消耗掉了。

从理论上来说,沥青砂原油本身就可以用来为生产活动提供动力;但事实上,用于SAGD技术以及运行升级器和分离设备的能量,大部分都来自天然气。据估计,到2012年,沥青砂作业将每天消耗20亿立方英尺的天然气,而这些能源足以为加拿大所有的家庭供暖。由于麦克默里堡周边对天然气的需求如此巨大,包括壳牌加拿大公司和帝国石油公司在内的公司联盟提议修建一条750英里长的管道,一端从北冰洋开始,穿过麦肯齐河谷人迹罕至的蛮荒地区,直抵阿尔伯塔省北部。当地的环保团体已经对这一提议提出了质疑,因此这项提议尚未获得监管部门的批准。与此同时,也有人提出了其他各种方案和计划。凑巧的是,就在我参观麦克默里堡期间,阿尔伯塔能源公司提出申请,要在小镇以西400英里处建造两个核反应堆。早期报道称,这两个核反应堆将生产2200兆瓦电力,目前已有一家"大型工业承包商"等着排队购买其生产的四分之三的电力。阿尔伯塔能源公司不愿意透露这家"承包商"的身份,但当地媒体似乎理所应当地认为,这些电力将被用来生产沥青砂。

244

雪佛龙和埃克森美孚等公司之所以急于开发沥青砂,背后自然有许多原因,其中最明显的是这样做会产生利润。将沥青砂转化为合成原油的成本在每桶30美元左右。就在我参观千禧矿的几个星期后,纽约商业交易所每桶石油的价格已经攀升至90多美元。其他合成燃料需要更精细的加工,生产成本也相应更高。比如将煤转化为石油,需要在高压高温下使煤炭汽化,然后冷凝为液体。而从页岩中提取石油,基本上等于改写地质史。(壳牌公司正在试验一种工艺,用电加热器烘烤页岩,使其温度达到700华氏度,与此同时冻住其周围区域。)如果石油价格保持在90美元以上,在其他条件不变的情况下,这些燃料和其他非常规形式燃料的开发也将有利可图。

无论采取何种方式,石油开采都是一项具有破坏性的活动。常规油井需要管道、钻井平台以及能够承受重型设备的道路。所有这些都破坏了自然景观。石油生产通常还会伴随着天然气的燃烧,产生大量的空气污染物。油井的泄漏和溢出会释放出多种毒素,从苯(一种已知致癌物)等挥发性化学物质,到苯并芘(另一种已知致癌物)等质量较重的化合物不一而足。就非常规石油而言,它的破坏性往往更大,会有更多土地被损毁,产生的污染物也更多,产生污染的机会也上升了。此外它的燃烧还会进一步产生温室气体。

亚历克斯·法雷尔是加州大学伯克利分校能源与资源小组的教授,其研究方向是非常规石油的影响。大约十年前,法雷尔意识到所有主要的气候模型都基于同一个错误的假设:他们假设未来上涨的石油需求将通过增加常规原油供应来满足。法雷尔和研究生亚当·勃兰特决定提出一个能更准确地反映现实的预测。在计算中,两人假设需求和常规供应之间的鸿沟将由合成燃料来填补,首先是沥青砂油,其次是从煤炭和页岩中获取的石油。(根据高端估值,煤炭和油页岩一共可以产出大约 10 万亿桶非常规石油。)之后,他们计算了这些原油将对全球二氧化碳水平产生哪些影响。

　　"就温室气体排放的情况而言,所有非常规形式的原油都比常规石油更糟糕,"法雷尔告诉我,"原因很容易理解。将液体石油转化为液体燃料并不难。但将煤炭这样的固体转化为液体不仅听起来就很难,事实上也很难做到。额外的努力体现在更高的能耗、水资源消耗和碳排放上。"拿沥青砂石油的例子来说,每桶合成原油的温室气体排放总量(也就是说,生产和燃烧原油所产生的二氧化碳)比常规石油要高出 15% 到 40%。再拿煤炭液化的例子来说,其总排放量几乎是常规石油的两倍,而油页岩的排放量则在两倍以上。

　　"拿煤炭液化来说,"法雷尔说,"它的温室气体排放量几乎翻了一番。想想看,我们所处的是一个温室气体总排放量必须下降的世界,而这是一种让排放量翻番的技术。它们明显不适配,对吧?"法雷尔和勃兰特发现,到 2100 年,能源向非常规石油的转变可能会向大气中增排 500 亿至 4 000 亿吨碳。

247

　　"环境和气候变化是所谓的'外部性因素',"法雷尔继续说道,"目前,我们还没有行之有效的方法,能将这些外部性因素纳入任何形式的市场交易之中。除非我们主动介入,否则市场不会自行解决它,因为从定义上来讲,它是市场之外的事情。它是一种社会公益,政府必须站出来说:'我们会考虑这一点。'"

　　政府应对温室气体的一种方法是对其征税。这将鼓励非常规燃料的生产商减少排放,比如采取"碳捕获和存储"技术。在理想情况下,它还将促使企业家开发石油替代品,比如生物燃料等。然而,众多分析表明,想要对石油行业产生显著影响,碳税必须非常高才行(每加仑汽油的碳税约要两美元左右),因为目前尚无现成的替代品可以取代汽油、柴油和航空燃料。法雷尔支持联邦推行燃料标准,它的作用就像汽车效率标准一样,可以要求石油公司销售的所有产品都符合一定的排放标准。(这一标准会随着时间的推移而调整,就像汽车效率标准在70、80年代有所提高一样。)加州已经制定出"加州低碳燃料标准"。国会也已经提出了几项议案,有望在全国范围内实施此类标准。

248   然而与此同时,华盛顿也有不少支持高碳燃料补贴政策的人。2007年,时任肯塔基州参议员的吉姆·邦宁和时任伊利诺伊州参议员的巴拉克·奥巴马就提出过这样的措施,名为《煤炭液化燃料促进法案》。它通过提供税收优惠和联邦贷款担保,鼓励企业投资煤炭液化燃料工厂。(该法案从未被议会委员会通过。)虽然拿今天的油价来计算,煤炭液化燃料是有利可图的,但是建设这些工厂需要投入大量的资本,一旦油价下跌,这些投资就有可能血本无归。

"如果石油公司能够规避油价下跌的风险,这一领域无疑将引来大量的投资,"法雷尔告诉我,"然而,当政府提出促进煤炭液化燃料的政策时,我认为需要追问的问题是,这真的是我们应该启动的产业吗?"

阿萨巴斯卡河向北蜿蜒,最终流入阿萨巴斯卡湖,而这座湖跨越了阿尔伯塔省和萨斯喀彻温省的边界。冬天的时候,你可以从麦克默里堡驱车在冰道上行驶150英里抵达湖上。(由于气温上升,如今这条冰道可通行的天数一直在减少。)而夏天旅行只能乘坐轮船或飞机。访问阿尔伯塔省的那天,我乘坐六座的赛斯纳飞机,飞到湖边一个名叫奇佩维安堡的村庄。随着飞机的上升,我可以看到麦克默里堡周围巨大的沥青砂矿坑。再往北,矿坑就消失不见了,取而代之的是树林中间均匀排列的方形林间空地,这标志着人们已经准备就地采矿了。再往北,空地也不见了,只余北方的荒野绿林。(加拿大的北方针叶林面积超过 14 亿英亩,是地球上最大的完整生态系统之一。)

奇佩维安堡是一个原住民村落,建于 18 世纪 80 年代,当年曾是一个贸易中转站。在这个村子大约 1 200 名村民里,一半是米克苏克里人,另一半则是阿萨巴斯卡奇皮尤恩人。村里有几百栋房屋,一个邮局和两座教堂(一座是英国国教教堂,一座是天主教教堂),两座教堂都坐落在湖边,当地人认为,奇佩维安堡在某种程度上参与了沥青砂的开采热潮。许多村民都在麦克默里堡从事建筑工作,只有休息日才回家。与此同时,村里正在发生的很多事情却令人担忧。镇上报告的罕见癌症病例特别多;人们猜测残渣池的毒素正沿着河水进入湖泊。而湖泊既是村庄的饮用水来源,也为白鲑鱼、梭子鱼等提供了食物。与此同时,米克苏克里人和阿萨巴斯卡奇皮尤恩人都认为,阿尔伯塔政府租借给石油公司的大片土地本是他们的祖产。就在我参观奇佩维安堡的一周前,当地社区中心还举行了一次呼吁暂停新项目的集会。

"看到这里的一切被毁,我很难过。"我遇到的渔民雷·拉杜瑟如是说。我们站在湖边,湖对岸有 200 多英里远。那是一个安静的下午,水面上倒映着白云。"我最好还是说出来,很多鱼都开始结痂了。"

"我不知道该做些什么,好阻止他们继续破坏这一切,"他提到石油公司时说道,"他们表示自己可以清除毒素,但这是不可能的。

它需要一千年时间才能冲洗干净,我想我他妈的根本活不到那个时候。"

近年来,反对沥青砂新项目的呼声持续升温。在麦克默里堡周边,抗议者强调的是它对当地的影响。市政府官员驳回了几家石油公司提出的扩建申请,理由是该地区已经出现了住房和病床的短缺。在加拿大的其他地区,人们关注的则是它对北方森林的破坏以及对气候的影响。加拿大不同于美国,它是《京都议定书》最早的签署国之一。但它又几乎不可能实现自己承诺的二氧化碳减排目标,部分原因就出在沥青砂身上。(在我访问麦克默里堡前不久,《多伦多环球邮报》发表了一篇有关沥青砂碳排放的专栏文章,题为"我们家客厅里的毒气大象"。)加拿大前环境部部长查尔斯·卡西亚将自己国家在温室气体排放问题上的立场(一方面承诺减少排放,另一方面又增加沥青砂产量)比作"试图骑上两匹朝相反方向疾驰的马"。

251 　　与此同时,阿尔伯塔省北部的开发势头依然不减。麦克默里堡官员驳回的所有申请最终都获得了批准。就在几个月前,一家名为海伯利安资源的美国公司宣布,它将在30年后在此建造加拿大第一座新型炼油厂,其目标是处理不断增加的大量沥青砂原油。加拿大自由党领袖斯特凡·迪翁曾表示:"世界上没有任何一位环境部部长能够阻止加拿大从沙子里生产石油,因为利润实在太可观了。"

当我第一次降落在奇佩维安堡的小型机场时,那里空无一人。但当我准备从那里乘机回家时,却发现停机坪上站着几十个人。有人告诉我,人群正在等待一具遗体。就在前一天,村里的一位老人在麦克默里堡的医院去世了,他的遗体正被运回家乡。当棺材被抬出飞机,放在一辆皮卡车车斗里时,大家都很安静。人群刚刚散去,我和另外三名乘客登上赛斯纳飞机,两分钟后我们就起飞了。一开始,我们的下面是荒无人烟的未经开发的森林,过了一会儿则出现了树林中标准的方形空地,最后我们进入麦克默里堡时,映入眼帘的是巨大的矿坑和黑色的池塘,池中还有上下浮动的"沥青人"。

首次发表于 2007 年 11 月　252

第十四章

风中的岛屿

　　约根·特兰伯格是丹麦萨姆索岛上的一位农场主,他身材高大,一头乱蓬蓬的棕色头发,有着难以捉摸的幽默感。一个灰蒙蒙的春天早晨,我到达他家时,他正坐在厨房里,一边抽烟,一边看着黑白电视上模糊的影像。原来,这些影像是他谷仓里的闭路电视画面。他告诉我,有头牛快要下崽了,他得盯着点儿。我们聊了几分钟后,他笑着问我想不想爬到他的风力涡轮机上去看看。我很确定自己并不想这么做,但嘴上还是回答了"行啊"。

　　我们坐上他的车,在一条坑坑洼洼的土路上颠簸前行。涡轮机隐约就在前方。到达后,特兰伯格掐灭香烟,打开塔底部的一扇小门。塔里面有 8 架梯子,每架大约 20 英尺高,一架接一架地搭上去。我们还没爬多久就气喘吁吁了。最后一架梯子的上方是活板门,通往一个类似机舱的地方。我们爬进去后来到了发电机顶上。

253

特兰伯格按下按钮,打开屋顶,呈现在我们眼前的是灰色的天空和延伸向大海的绿色和棕色相间的田野。他又按下另一个按钮。我们爬梯子时被关掉的旋翼又开始转动起来,一开始慢腾腾的,后来越转越快。我们感觉就像要起飞了一样。我本想说这种感觉真让人兴奋,但事实上我晕得快要吐了。特兰伯格看着我,笑了起来。

萨姆索岛和楠塔基特岛差不多大,坐落在北海的卡特加特海峡里。这座岛的南端膨胀臃肿,北段则窄得像一个刀尖。从地图上看,它有点像女性的躯干,又有点像切肉刀。岛上有 22 座村庄,狭窄的街道彼此紧挨着。岛屿外围是农民种植土豆、小麦和草莓的田地。由于丹麦独特的地形,萨姆索岛位于这个国家的中心,但同时又是个偏僻荒凉的地方。

在过去十年左右的时间里,萨姆索岛开展着一项令人难以置信的社会运动。20 世纪 90 年代晚期,这项运动开始之时,岛上的4 300 名居民对于能源尚持传统态度:只要能源能够及时送达,他们就对它不怎么感兴趣。许多萨姆索岛人用油罐车运来的汽油给房子供暖,用通过电缆从大陆输入的电力供电,而这些大部分都是燃煤发的电。因此,每个萨姆索岛人每年平均要向大气中排放近11 吨碳。

254

然后,岛上的居民开始有意识地改变这一切。他们成立了能源合作社,组织了关于风力发电的研讨会。他们拆除了暖炉,代之以热泵。2001 年,萨姆索岛上的化石燃料使用量减少了一半。2003年,它不再需要电力输入,反而能输出电力。2005 年,它用可再生资源获取的能源已经超过了自身消耗的能源。

与我交谈过的萨姆索岛居民显然都为他们的成就而感到自豪。但他们依然保持着平凡。他们指出,自己并不富有,也没有受过良好的教育,并非理想主义者。他们甚至不太喜欢冒险。"我们这儿是个保守的农业村社。"一位萨姆索岛人如是说。"我们都是普通人,"特兰伯格对我说,"我们不是什么特别的人。"

今年,全球预计将消耗约 310 亿桶石油、60 亿吨煤炭、100 万亿立方英尺天然气。燃烧这些化石燃料将总共产出约 400 万亿英热的能量,同时还将产生约 80 亿吨碳。明年,全球的化石燃料消耗预计将增长 2%,这意味着排放量将增加一亿多吨,而后年的消耗预计又将继续维持 2% 的增幅。

255 被排放到空气中的二氧化碳,大约有三分之一在较短的时间内进入海洋。(二氧化碳溶解在水中形成弱酸;这就是"海洋酸化"现象的成因。)约四分之一被陆地生态系统吸收(没有人确切知道是如何被吸收又在哪里被吸收),剩下的都留存在大气中。如果目前的排放趋势继续下去,那么四五十年后,海洋的化学成分将发生改变,从而将包括造礁珊瑚在内的许多海洋生物都推向灭绝。与此同时,大气中的二氧化碳水平预计将达到 550 ppm,即前工业时代水平的两倍,这最终将确保全球气温上升 2 摄氏度甚至更多。

如今,全球二氧化碳水平已达 390 ppm,气候变化的破坏性影响已经非常明显了。自 20 世纪 50 年代以来,北极冰帽已经缩小了一半,并且正在以每年 2.4 万平方英里的速度融化,这意味着每年都会有一个西弗吉尼亚州大小的广袤冰面消失。过去十年里,美国和加拿大大约有 1.5 亿英亩面积的森林,毁于与气候变暖相关的甲虫侵害。据信,气候变暖正在不断地导致国际难民人数增加。联合国难民事务高级专员安东尼奥·古特雷斯最近表示:"气候变化如今已是人类被迫流离失所的主要动因之一。"气候变暖还将导致武装冲突。一些专家认为,已经夺走 30 万人性命的苏丹达尔富尔地区的战争,与非洲赤道地区降雨模式的改变存在联系。

256

2008 年 4 月,时任法国总统的尼古拉斯·萨科齐在一次世界领导人会议上表示:"如果我们继续沿着这条道路走下去,未来全世界还将发生数十场达尔富尔危机。"时任联合国秘书长的潘基文称,气候变化是"我们这个时代的决定性挑战"。

在这一挑战的大背景下,萨姆索岛的成就可能是微不足道的。确实,从数字上看,它没什么大不了。全岛过去十年中避免的排放量,还抵不过一座燃煤电厂在三周内排放的二氧化碳量,而中国新建燃煤发电厂的速度差不多是每月四座。但也正是在这种情势下,萨姆索岛的努力才显得重要。它在短短十年里就改变了自身的能源体系。其经验表明,尽管碳排放的问题是如此巨大,但如果我们愿意尝试,它也还是有可能得到解决的。

萨姆索岛得以重塑自身,要归因于一系列与之没有多大关系的决定。第一个决定由丹麦的环境能源部在 1997 年做出。为了寻找促进创新的方法,该部门决定举办一场可再生能源的竞赛。为了参赛,每个社区都必须提交一份计划,说明自己将如何停用化石燃料。一位本身并不住在萨姆索岛的工程师认为这个岛有参赛潜力。他与萨姆索岛镇长协商过后,起草并提交了一份计划。当环境能源部宣布萨姆索岛获胜时,居民们普遍感到困惑。"我听了两遍才相信。"一位农民告诉我。

257

比赛结果宣布后短暂的情绪高涨很快就消散了。除了被命名为丹麦的"可再生能源岛屿",萨姆索岛基本上什么也没有得到。没有奖金,也没有税收减免,甚至连政府援助都没有。岛上只有少数人认为这项计划值得付诸实践,其中就包括了瑟伦·赫尔曼森。

出生在萨姆索岛上的赫尔曼森身材矮小、留着平头、脸颊红润,有着一双深蓝色的眼睛。除了旅行和外出上大学以外,他一直都生活在这座岛屿上。他的父亲是个农夫,种植过甜菜和鹅欧芹等作物。赫尔曼森也尝试过种地,父亲退休后他接管了家里的 100 英亩土地,但他发现自己并不适合这一行。他告诉我:"我喜欢交谈,但蔬菜并不会回应我。"赫尔曼森把农田租给了邻居,并在当地的一所寄宿学校当上了环境课的老师。赫尔曼森发现,可再生能源岛的概念非常有趣。当联邦政府开始投入资金雇佣职员之时,他便成了该项目的第一名员工。

一开始的几个月甚至几年时间里,这个项目都没有什么大的进展。"岛上有一种犹豫不决的保守倾向,大家都在等待邻居先采取行动,"赫尔曼森回忆说,"我了解我们这儿的社区,知道这是经常发生的事。"赫尔曼森并没有和岛上居民这种相互观望的倾向对着干,而是想办法利用好它。

"人们选择住在这里,其中一个原因可能是社会关系,"他说,"而可再生能源项目能够带来一种新型的社会关系,所以我们就利用了这一点。"每当有讨论当地议题(不论是什么议题)的会议召开时,赫尔曼森都去参会并且发言。他邀请萨姆索岛的居民思考,如果大家就某件所有人都能引以为傲的事情展开合作,将会是什么样子。偶尔,他也会带着免费啤酒参与讨论。与此同时,他开始努力争取岛内意见领袖的支持。他说:"万事开头难,我们要说服先行者积极行动起来。"最终,正如赫尔曼森所希望的那样,一开始阻碍项目的社会力量开始变得对它有利起来。随着更多的人参与进来,它会促使其他人跟进。一段时间过后,有足够多的萨姆索岛人参与进来,于是参与成了常态。

"萨姆索岛人开始思考能源问题了,"一位名叫英格瓦·约根森的农场主告诉我,他家的房子靠太阳能产生的热水和燃烧秸秆的炉子来供暖,"它从此变成了一种休闲运动。"

"参与这项事业令人兴奋不已。"在自家后院安装了一台小型涡轮机的电工布莱恩·基奥尔说道。基奥尔的涡轮机有 72 英尺高,产出的电力远远超过了自己一家三口的用电量,也超过了从他家引出的电线的负载能力。因此,他利用多余的电力来烧热水,并将热水储存于装配在车库里的水箱中。他告诉我,他希望有一天能用剩余的电量来生产氢气,也许可以驱动一辆燃料电池汽车。

"瑟伦坚持不懈地宣传,很多人慢慢就知道了这件事。"他说。

自打成为"可再生能源岛屿",越来越多的人开始研究萨姆索岛。然而研究人员往往远道而来,这一事实本身就颇具讽刺意味。在我从纽约经停哥本哈根来到这里的第二天,一群日本富山大学的教授也前来参观。他们请赫尔曼森给他们安排了一次旅行,而赫尔曼森邀请我一同前往。我和赫尔曼森开着他的电动雪铁龙和日本教授团会合。这辆雪铁龙通体漆成了蓝色,车门上喷有蓬松的白云。那天细雨蒙蒙,我们到达码头时,水面上波涛汹涌。赫尔曼森很同情刚刚从摇晃的渡轮上下来的日本人。稍后我们全都坐上了一辆公共汽车。

第一站是一处可以俯瞰全岛的山坡。几台风力涡轮机在一旁呼呼地转动,跟我与特兰伯格一起攀爬的那台风力涡轮机非常相似。在潮湿灰暗的环境中,它们是唯一令人激动的事物。远处,寂静的田野尽头是卡特加特海峡。那里装配着另一组涡轮机,像水中

259

的军人那样排成了一排。

据说，萨姆索岛上共有 11 台大型陆上涡轮机。（此外，还有十
几台小型涡轮机。）相对较少的人口拥有这么多的涡轮机，这一比例
对于萨姆索岛的成功至关重要。毕竟卡特加特海峡上的风几乎刮
个不停，我注意到萨姆索岛上的旗帜不会像儿童画中的旗帜那样迎
风飘扬，而是直挺挺地伸展开来。赫尔曼森告诉我们，陆上涡轮机
有 150 英尺高，风叶就有 80 英尺长。它们每年的合计发电量约为
2 600 万千瓦时，足以满足全岛的电力需求。（这在数字层面上是正
确的，但从实际使用来看，萨姆索岛的电力生产及需求都是随时间
而波动的，它有时向电网供电，有时则从电网中提取电力。）同时，海
上涡轮机个头更高，有 195 英尺，风叶长达 120 英尺。一台海上涡
轮机每年发电约 800 万千瓦时，按照丹麦的能源使用率计算，足以
满足 2 000 户家庭的需求。这 10 台海上涡轮机是为了弥补萨姆索
岛仍然在汽车、卡车和渡轮上继续使用化石燃料而建造的。它们每
年的总发电量为 8 000 万千瓦时，提供的能量不仅抵消了岛上消耗
的所有汽油和柴油，而且还有富余；总的说来，萨姆索岛的发电量比
其实际的消耗量要多出约 10%。

"1997 年，当我们启动这个项目时，我们并没有预料到今天的
情形，"赫尔曼森告诉日本访问团，"我们和当地人交谈时，他们会
说，来吧，开始吧，也许在你们的梦中。"每台陆上涡轮机大约要花费
85 万美元，海上涡轮机的成本则约为 300 万美元。有些涡轮机是
由个人独资建造的，比如特兰伯格的涡轮机；其他的则由集体购买。
至少有 450 名岛上居民拥有陆上涡轮机的股份，拥有海上涡轮机股
份的人数也大致相当。股东里也包括了不少非岛民，根据现行电价
和涡轮机的发电量，他们每年都会收到股息支票。

"如果我只是消费者，那么我喜欢它自然就会买，不喜欢自然就不买，"赫尔曼森说，"我不会关心生产。但现在我们关心生产，是因为我们是风力涡轮机的主人。它们的每一次转动，都意味着银行里的钞票。并且参与其中，我也感到了责任。"多亏了丹麦政府在20世纪90年代末实施的一项政策，公用事业公司被要求提供十年固定费率的风力发电合同，它可以出售给其他地方的消费者。根据这些合同的条款，如无意外，每台涡轮机应该在大约八年内偿还掉股东的初始投资。

我们从山坡上前往巴伦镇，在一座由波纹金属制成的红色棚屋式建筑面前停了下来。屋内有大捆大捆的稻草靠墙叠放着。赫尔曼森解释说，这座建筑是一个以生物质为燃料的集中供暖工厂。每捆稻草相当于50加仑的石油，它们将被送入熔炉，把水加热到138华氏度。随后，这些热水将通过地下管道输送至巴伦和邻近城镇布伦比的260座房屋内。通过这种方式，工厂燃烧稻草产生的能量被转移到了家中，提供了热量和热水。

萨姆索岛还有两家以稻草为燃料的集中供暖厂，一家在特兰布热格，另一家位于昂斯伯格。此外，诺德比还有一家燃烧木屑的区域供暖厂。那天下午晚些时候，我们参观了诺德比工厂，里面装满了看似覆盖层的东西（土壤或植物根部），这地方闻起来像个盆栽育秧棚。工厂后面的田野里有一排排太阳能电池板，有太阳光照射的时候，这里可以提供额外的热水。两排太阳能板之间，黑长脸的山羊正在草地上大声地咀嚼着。当山羊满怀期待地朝着日本研究人员哧哧乱嗅时，他们拿出了照相机。

当然，燃烧稻草或木材和燃烧化石燃料一样，也会产生二氧化碳。但是关键性的区别在于，化石燃料释放的二氧化碳原本应当封

262

存在化石之中,而生物质释放的二氧化碳本来也会通过腐烂分解的活动进入大气。只要生物还会再生,燃烧过程中释放的二氧化碳就会被重新吸收,这意味着循环至少做到了碳中和。诺德比工厂使用的木屑来自倒伏的树木,它们本来就会慢慢地腐烂。巴伦-布伦比工厂的稻草主要来自麦秆,它们原本就要在田野里烧掉。这些生物质热力厂每年总计可以减少 2 700 吨碳排放。

263

除了生物质能量,萨姆索岛还在小规模地试验生物燃料:一些农民为自己的汽车和拖拉机改装了菜籽油发动机。我们原本准备停车去拜访一位这样的农民,他自己撒种,自己榨油,剩下的菜籽饼则用来喂奶牛。由于这位农民不在家,赫尔曼森就自己做起了宣传。他把一根手指放在壶嘴下面,然后猛地塞进嘴里。"这油很不错,"他宣布,"你可以把它用在车上,也可以用在沙拉上。"

参观结束后,我和赫尔曼森回到了他的办公室,位于一座名叫能源研究所的建筑里。这个研究所看起来像是一座采用包豪斯风格的谷仓,屋顶上覆盖着光伏电池,并且使用碎报纸来隔热隔音。这里以后将充当解说中心,但在我造访时,这里才刚刚兴建,房间里大部分都还是空的。几位高中生蹲在地板上,尝试组装一台微型涡轮机。

我问赫尔曼森是否还有什么项目尚未获得成功。他为我举了几个例子,包括使用牛粪生产天然气的计划,以及关于电动汽车的试验(其中一辆演示车全年绝大部分时间都停在商店里,于是失败了)。当然,最大的失望还是与能源消费有关。

264

"我们做了几个节能项目,"他告诉我,"但人们的行为,怎么说呢,不太负责任。他们表现得像只猴子。"例如,隔热条件更好的家庭也倾向于为更多的房间供暖。"所以我们的结果就等于零。"他说。从根本上说,过去十年里,岛上的能源使用量一直保持不变。

我问赫尔曼森,他为什么认为可再生能源岛的努力已经达到了极限。他说他之所以没有把握,是因为不同的人各怀不同的参与动机。"从极端利己的态度到更为全面的观点,我认为我们已经见识过各种各样的原因了。"

最后,我问他其他地区可以从萨姆索岛的经验中学习到什么。

"我们总是听人说,我们应该从全球的角度思考,在当地采取行动,"他说,"在我的理解中,这意味着一个国家应该成为全球化意识的一部分。但个体无法成为全球意识的一部分。因此'从本地思考,在本地行动'是我们所能提供的关键信息。

"此外,萨姆索岛也是一种展示,"他补充道,"当我们被丹麦选为展示方时,我为丹麦没能取得更大的成果而感到羞愧。但我为我们所提供的展示而自豪。因此,我做了我应做的工作,我的同事做了他们应做的工作,萨姆索岛人也做了他们应做的工作。"

大约在萨姆索岛被指定为丹麦可再生能源岛的同时,一群研究同类课题的瑞士科学家则进行了一场思想实验。这群来自苏黎世联邦理工学院的科学家自问:如果我们不以岛屿或欧洲小国为着眼点,而是放眼全世界,那么什么样的能源使用水平才是可持续的?他们给出的答案"每人2 000瓦",并为这个新项目起好了名字:2 000瓦社会。

"我认为,重要的是人们要知道,2 000瓦社会并不是一项提倡艰苦生活的计划,"在我前往苏黎世郊区杜本多夫的办公室拜访时,该项目的负责人罗兰·斯图尔茨告诉我,"这不是勒紧裤腰带。这不是饥饿,也不会减少舒适与乐趣。这是一种面向未来的创造性

265

方法。"

六十三岁的斯图尔茨是个说话柔声细语的男人,他有着深色的
鬈发、黑白相间的胡子。他最初是建筑师出身,后来对节能建筑产
生了兴趣。2001 年接管 2 000 瓦社会项目时,他的任务是将这个项
目推向实用领域。(他工作的一部分资金来源于在苏黎世和洛桑都
有校区的苏黎世联邦理工学院,另一部分则来源于私人捐赠。)他开
始召集会议,将来自苏黎世、巴塞尔等城市的研究人员和官员聚集
在一起。

"我将他们分成了几个小组,"斯图尔茨回忆道,"我告诉他们,
4 点钟的时候,每个小组都必须带着完整的思路参会:他们未来要
做什么项目,由谁来领导。他们都说:'喔,这不可能。'但到了 4 点
钟,每个人都带来了项目。我们就这样开始了。"日内瓦州、巴塞尔
城市州和苏黎世市随后都批准了 2 000 瓦社会的目标,瑞士联邦的
环境、运输、能源和通信部也同样批准了这一目标。"乍一看,2 000
瓦社会的目标似乎是不切实际的,"联邦部门负责人莫里茨·卢恩
伯格说,"但是必要的技术其实都已经到位。"

一天下午,斯图尔茨带我参观了一个名叫埃瓦格(Eawag)的水
资源研究中心的总部,该中心的成立宗旨便是实现 2 000 瓦社会的
能效目标。(Eawag 是个冗长的德语名字的首字母缩写,它非常复
杂,就连说德语的人也想不起它的完整拼写。)我们驾着斯图尔茨的
沃尔沃前往,这辆车使用的燃料是部分由腐烂蔬菜生产的压缩天然
气。当我第一次看见这个中心的时候,我以为那里挂满了横幅,后
来才发现原来那都是有色玻璃板。房子中庭有一座巨大的雕塑,我
以为是一只昆虫,但其实是一个放大了 100 亿倍的水分子模型。

埃瓦格中心有许多不寻常的特征,其一即缺乏现代建筑的常见

特征。这座启用于 2006 年的建筑没有取暖炉。它的隔热十分严格，以至于大多数日子里，办公室设备和室内的 200 名工作人员散发的热量就足以让整个屋子保持舒适的温度。额外的热量则由太阳能（到了冬季，房子外面倾斜的面板使得阳光最大限度地照进屋内）和从地下抽取的空气热能提供。这栋建筑里也没有传统意义上的空调。夏天，外部面板倾斜以提供遮阴，如果建筑在白天变热了，到了晚上中庭顶部的窗会打开，热空气会涌出。它有约三分之一的电力依靠安装在屋顶上的光伏板获取，并从太阳能集热器获取热水。洗手间配备了专门设计的"非混合"坐便器，它可以对尿液进行分离，提取其中有用的磷和氮。（"将普通垃圾作为资源加以利用是可持续文明的标志。"一本关于这座建筑的小册子这样写道。）

267

"像这样的建筑并不是奇迹，"当我们去往中心令人心情欢快的现代风格自助餐厅喝咖啡时，斯图尔茨对我说，"它只是以一种智能的方式将许多智能元素组合在一起。"屋外，天下着雨，温度是有些寒冷的 43 华氏度，而屋内的温度却是非常宜人的 70 华氏度。

我们可以从灯泡的角度来思考 2 000 瓦社会。假设你打开 20 盏灯，每盏灯都有一个 100 瓦的灯泡。这些灯的总功耗为 2 000 瓦，如果使用一整天，它们将消耗 48 千瓦时的能源；如果使用一整年，它们将消耗 17 520 千瓦时能量。一个过着 2 000 瓦生活的人在工作、吃饭、旅行等所有活动中消耗的能量与 20 个灯泡相当，即每年耗能 17 520 千瓦时。

268

在当今世界上，大多数人的能耗远远低于这个水平。例如，孟加拉国每年人均只使用 2 600 千瓦时的能量，这个数字包含了从电力到交通燃料等所有形式的能源，约等于 300 瓦。印度人均使用 8 700 千瓦时，这使印度成了一个 1 000 瓦社会。中国人均使用约

13 000 千瓦时,中国是一个 1 500 瓦社会。

相较之下,我们这些生活在工业化世界里的人能耗远远超过 2 000 瓦。例如,瑞士是个 5 000 瓦社会,其他大部分西欧国家是 6 000 瓦社会,美国和加拿大则是 12 000 瓦社会。2 000 瓦社会的一大创立原则在于,这种差距就长远来说是无法维持的。"这是一个有关公平的基本问题。"斯图尔茨对我说。然而,发展中国家正在增加能源使用量,未来将达到和工业化国家相同的水平,这在生态上是毁灭性的。如果发展中国家的人均需求达到目前欧洲的水平,全球能量消耗将增加一倍以上,如果上升到美国水平,全球能源消耗将增加两倍以上。2 000 瓦社会既向工业化国家提出了一个削减能源使用量的目标,同时也为发展中国家的能源使用增长设定了限制。

瑞士在 20 世纪 60 年代初的时候曾是一个 2 000 瓦社会。然而到了 60 年代末,其能源使用量就已经达到 3 000 瓦。到 70 年代中期则升高到 4 000 瓦。这种快速增长既源于技术的进步(汽车的普及、飞机旅行的出现、电器和电子设备的激增),但我们也可以逆转视角,认为这是未能在需要的地方运用技术。几年前,一群瑞士科学家发布了一份关于 2 000 瓦社会可行性的"白皮书"。根据已取得广泛共识的数据,科学家们估算出,当今世界消耗的所有一次能源①中有三分之二是被浪费掉的,它们主要被转换成了无人需要的热能。(一块煤中所含的能量即一次能源;"有用能源"指的是一个灯泡发出的光,在此种情况下,煤燃烧产生蒸汽,蒸汽又被用于运行涡轮机,产生的电通过电网传输,最终加热了灯泡的灯丝。)这份白

---

① 一次能源(primary energy),指人类从自然界中取得的未经转换的能源,石油等矿物燃料均包含其中。

皮书的结论是,通过现有技术,建筑物的效能可以提高80%,轿车的效能可以提高50%,发动机的效能则可以提高25%。

我在瑞士还参观了几栋类似埃瓦格中心的建筑,它们都是专门为最大限度地提高效能而设计的。第一栋是巴塞尔的高档公寓楼。这栋楼拥有18英寸厚的隔热墙,三层玻璃窗上覆有一层特殊的反光膜,还有一套热回收系统,可以捕捉通常因通风而损失的80%的能量。公寓里没有锅炉,但有一个地源热泵,基本上都从地下水中吸收能量。到了夏天,同一套系统也可以用于降温。(为符合瑞士的建筑标准,这座建筑里还包括了一个防空洞。)

"建筑行业非常因循守旧,"带我参观公寓的工程师弗兰科·弗雷格南说,"如果你给他们带来了一项创新,通常必须等到下一代人才能在建筑上看到创新的落地。我们正努力一步步地改变这种情况。"

"人类活动通常总是变得越来越聪明,"斯图尔茨对我说,"正如沙特阿拉伯前石油部部长谢赫·亚马尼曾经说过的那样,石器时代的终结并不是因为石头不够用了,而是因为人类变得更加聪明了。"

那么,要过上2 000瓦社会的生活需要哪些条件呢?当我向斯图尔茨提出这一问题时,他递给我一篇研究论文,文中罗列了六个虚拟家庭的案例研究。让内雷特一家是一个虚拟的四口之家,住在苏黎世北部城镇格拉特布鲁格。他们拥有一栋节能的房子,骑电动自行车或坐火车出行。购买食品杂货时,他们偶尔也会租用共享汽车。住在伯尔尼东北部的虚拟农民莫里斯一家利用牛粪生产的天然气给自家发电。住在日内瓦的虚拟学生阿兰、米歇尔、安吉拉和玛琳共享电器,坐有轨电车,喜欢在学校放假时去法国境内的阿尔卑斯山徒步旅行。该论文宣称:"对于如何实现2 000瓦社会,没有任何公式可以套用,但有三件事是必需的——社会决策、技术创新,以及每个人都带着节能意识的决心行动起来。"

一般来说,今天的瑞士人均使用的能源如下:1 500瓦用于生活和办公空间(包括供暖和热水),1 100瓦用于食物和消费品(生产和运输商品消耗的能源被称为"隐含"或"灰色"能源),600瓦用于电力,500瓦用于汽车出行,250瓦用于航空旅行,150瓦用于公共交通。瑞士的公共基础设施,包括水厂和污水处理厂,人均摊到900瓦。如果我们将这5 000瓦降到2 000瓦,看起来需要在每个领域都大幅减少。假设与基础设施相关的能源消耗可以降低到500瓦,但人们仍然在生活和办公空间使用1 500瓦,那么留给食物、电力和交通的能源就是零。与之类似,如果一个人仍旧像今日这样旅行和用电,那么他会没有地方生活和工作,也吃不了任何东西。

在瑞士的时候,我一直在寻找真正过着2 000瓦生活的人。

"如果不算上这次有欠考虑的飞机出行,我很接近这个标准,"联邦理工学院苏黎世校区负责规划与后勤的副主任格哈德·施密特告诉我,"我去过一次上海,结果那一年就超标了。"(苏黎世和上海之间的往返飞行相当于800瓦。)

当我向斯图尔茨提出这个问题时,他答道:"这个问题就算了。"虽然他住在节能公寓里,却经常旅行。我到访时,他刚从新德里开会回来,这次往返就相当于600瓦。

在所有与我交谈过的人中,似乎有一位已经过上了2 000瓦的生活(或者已经相当接近了),那就是工程师罗伯特·尤茨。尤茨和斯图尔茨在同一栋楼里上班,当我们参观完埃瓦格中心,准备打道回府时,尽管已经晚上 6 点多了,他仍然待在办公室里。斯图尔茨鼓励我去和他谈谈。

"我们不觉得这是一种约束,"尤茨给我谈了他 2 000 瓦的生活方式,"恰恰相反,我并不觉得我们舍弃了什么东西。"尤茨和他的牙医妻子,还有两个孩子住在苏黎世附近的温特图尔市。大约十年前,他们在新建的节能项目里购买了一栋 2 000 平方英尺的房子,其供暖采用的是地热热泵。尤茨说:"用化石燃料给房子供暖太疯狂了。"这栋房子还有一套太阳能热水系统。尤茨还在屋顶增加了光伏板来发电,每到冬天,太阳能电池板产生的电量比房屋使用的电量要少(这座房子配备的都是他们所能找到的最节能的灯具和电器),而每到夏天,太阳能的发电量要多于用电量,因此以年为单位,房屋差不多是零能耗。

273

"我们最重要的决定是不买车,"尤茨告诉我,"这是一个慎重的决定。我们找到了一栋不需要汽车的房子。"即使是符合今日标准的节能汽车,开多了也很难做到不超 2 000 瓦。一个人每年驾驶丰田普锐斯行驶一万英里,大约要消耗 225 加仑汽油。这相当于 1 000 瓦。(对于一个四口之家来说,汽油消耗量平摊到每个人身上是 250 瓦。)

"这是一个习惯问题,我自己就觉得坐火车比开车愉快得多,"尤茨接着说,"在火车上,我可以工作,也可以放松。如果自己开车,我就必须留心停车、交通、雨雪和那些车技不佳但仍然上路的人。"尤茨和家人外出度假都是坐火车。"唯一让我觉得有点受限制的就是飞机旅行,"他说,"因为很明显,乘火车能去的地方有限。我们不能去中国,如果乘火车的话,前后要花费一周的时间。

274

"我不会把这种生活方式当作宗教来看待,"他补充道,"若不是我欣赏这种生活方式,我就不会这么做。这就是我喜欢的生活方式。"

根据 2 000 瓦社会项目的估算,减少能耗还只是待做工作的一半(或者更准确地说,只是四分之一)。该项目的最终目标是建立一个人均能耗不超过 2 000 瓦的世界,其中的 1 500 瓦来自无碳能源。在这样的一个世界里,每个人都会像罗伯特·尤茨那样节约使用能源,也会像特兰伯格那样自行生产可再生能源。在这样的一个世界里,到处都是风车和零能耗建筑,碳排放量将会急剧下降,大气中的二氧化碳浓度将缓慢趋于稳定。但这种情景在多大程度上可以变为现实呢?

在离开瑞士飞回纽约之前(这是一趟 250 瓦的旅行),我来到瑞士国家科学基金会研究委员会,同其主席迪特尔·英博登促膝长谈。六十四岁的英博登身材矮小,有着椭圆的脸庞和银色的头发。他的专业领域是理论固态物理,后来又对环境物理产生了兴趣,曾长年担任苏黎世联邦理工学院环境科学系系主任。90 年代末,他担任过 2 000 瓦社会项目的负责人。他说,作为一名科学家,他知道创造一个 2 000 瓦的世界其实并没有任何技术上的阻碍。

"我们把心力放错了地方,"他告诉我,"实现它不需要任何新发明,对工程师来说,这甚至都不能算是一个挑战。

"21 世纪的问题并不是技术问题,"他接着说,"我认为,我们的社会将根据这类新问题的解决方案得到衡量,而解决这类问题的秘诀与登月计划或曼哈顿计划是截然不同的。这是一种质的差异,是科学对我们社会的作用的范式转变。"

他接着说:"困难点在于我所说的'已建成的瑞士'。而你是个美国人，你们的难点在于'已建成的美国'。这包括了建筑及其建造方式，以及它们的建造地点，更重要的还有道路、铁路、能源和废水管道等等。一瞬间把所有东西都替换掉，在经济上是不可行的。"但由于基础设施无论如何都要以每年大约 2% 的速度更换，如果以渐进的方式推进这个项目，情况就有所不同了。英博登随后说道："它突然就变得可行了。"

　　到目前为止，学界还没有人对过渡到 2 000 瓦社会的经济学进行过严格分析。研究者倾向于关注将二氧化碳水平稳定在某个特定的数值（比如说 550 ppm，这是前工业化时期水平的两倍，又比如说 450 ppm，这是许多气象科学家建议的最高浓度）上，需要付出多大的代价。《斯特恩报告》或许是最经常被引用的经济学研究。这是一项受英国政府委托，以其主要作者、前世界银行首席经济学家尼古拉斯·斯特恩爵士命名的研究。《斯特恩报告》在 2006 年 10 月发表，它得出的结论是，温室气体的水平如果稳定在前工业化时期浓度的两倍以下，每年全球 GDP 的损失大约为 1%。（《斯坦恩报告》不仅考虑了二氧化碳水平，还考虑了甲烷、一氧化二氮等其他温室气体的水平。）去年，在美国麦肯锡咨询公司的研究协助下，瑞典大瀑布电力公司发布了一项分析，得出了相似的结论：许多减少碳排放的措施，如改善房屋隔热性能，肯定会省钱，而像安装风力涡轮机等另一些措施，则必然是有前期代价的。大瀑布电力公司的报告估计，"如果所有低成本的选择都成了现实"，二氧化碳水平可以稳定在 450 ppm，年支出大约占到全球 GDP 的 0.6%。

　　尽管哪怕是全球经济的 1%，那也是一大笔钱，但从更宏观的层面上来说，它也是明显可控的。它大约是目前全球医疗服务支出的九分之一，石油支出的七分之一，国防支出的二分之一（世界上超过

276

40%的军费开支都是在美国发生的）。也许最重要的是，这个数字
远小于不作为将付出的代价。《斯特恩报告》预测，如果允许当前
的排放趋势持续下去，气候变化的最终损失将"相当于从今往后每
年至少损失全球 GDP 的 5%"，不仅如此，"如果将更大范围的风险
与影响也考虑在内"，这一数字将可能会"上升到全球 GDP 的
20%，甚至更高"。

二十年前，美国国家航空航天局的首席气候科学家詹姆斯·汉
森在国会山为全球变暖的危险做证。就在几天前，汉森再次回到国
会山做证。"现在和当时一样，直言不讳的科学数据估算所得出的
结论，足以令整个国家感到震惊。现在和当时一样，我可以断言，这
些结论的确定性超过了 99%。区别在于如今的我们已经用完了清
单里的余量。"汉森接着警告说，除非下一任总统和国会迅速采取行
动遏制排放，否则将不再有切实可行的方法来阻止"灾难性"的气
候变化。美国确实没有几个地方像萨姆索岛那样多风，也没有哪个
地方像瑞士那样井然有序，但几乎所有地方都有创新能源生产的可
能性，也都能以更为智慧的方式去使用能源。实现这些可能性需要
我们投入巨大的努力。我们当然很可能决定不做任何努力。然而，
这种拖延变革的决定只会驱使着我们更快地朝着变革前进。

首次发表于 2008 年 7 月

延伸阅读

过去十年里,很多关于气候变化的好书相继面世。对于有兴趣更深入地阅读相关主题的人来说,我推荐以下作品:

Climate Change: Picturing the Science by Gavin Schmidt and Joshua Wolfe(New York：W. W. Norton, 2009).(《气候变化：图示科学》)

Eaarth: Making a Life on a Tough New Planet by Bill McKibben(New York：Henry Holt, 2010).(《变异地球：在困境重重的新星球上生存》)

Fraser's Penguins: A Journey to the Future in Antarctica by Fen Montaigne(New York：Henry Holt, 2010).(《弗雷泽的企鹅：南极洲未来之旅》)

Heatstroke: Nature in an Age of Global Warming by Anthony D. Barnosky(Washington, D. C.：Island Press, 2009).(《中暑：全球变暖时代的自然》)

How to Cool the Planet: Geoengineering and the Audacious Quest to Fix Earth's Climate by Jeff Goodell（New York：Houghton Mifflin Harcourt, 2010）.（《如何给地球降温：地球工程与修复地球气候的大胆探索》）

Merchants of Doubt: How a Handful of Scientists Obscured the Truth on Issues from Tobacco Smoke to Global Warming by Naomi Oreskes and Erik M. Conway（New York：Bloomsbury Press, 2010）.（《怀疑的商人：少数科学家如何掩盖了从二手烟到全球变暖问题的真相》）

Our Choice: A Plan to Solve the Climate Crisis by Al Gore（New York：Rodale Books, 2009）.（《我们的选择：气候危机的解决方案》）

Storms of My Grandchildren: The Truth About the Coming Climate Catastrophe and Our Last Chance to Save Humanity by James Hansen（New York：Bloomsbury Press, 2009）.（《子孙的风暴：即将到来的气候灾难的真相与我们拯救人类的最后机会》）

The Global Warming Reader edited by Bill McKibben（New York：O/R Books, 2011）.（《全球变暖读本》）

The Hockey Stick and the Climate Wars: Dispatches from the Front Lines by Michael E. Mann（New York：Columbia University Press, 2009）.（《曲棍球杆和气候大战：前沿信息》）

The Weather of the Future: Heat Waves, Extreme Storms, and Other Scenes from a Climate-Changed Planet by Heidi Cullen（New York：HarperCollins, 2010）.（《未来的天气：热浪、极端风暴，

以及气候变化的其他场景》)

Windfall: The Booming Business of Global Warming by McKenzie Funk(New York：Penguin Press, 2014).(《横财：全球变暖的兴隆生意》)

气候年表

1769：詹姆斯·瓦特取得了蒸汽机的专利权。

大气中的二氧化碳水平为 280 ppm。

1859：约翰·丁铎尔制造了世界上第一台比分光光度计，可以测试大气中各种气体的吸收性能。

1895：斯万特·阿列纽斯完成了对变化中的二氧化碳水平的计算。

大气中的二氧化碳水平为 290 ppm。

1928：含氯氟烃被发明。

1958：二氧化碳测量仪被安装在莫纳罗亚天文台上。

1959：二氧化碳水平处于 315 ppm。

1970：保罗·克鲁岑警告：人类活动可能破坏臭氧层。

1979：美国国家科学院发布了第一份有关全球变暖的报告："在二氧化碳的负载大到明显的气候变化已不可避免之前，人们可能不会收到任何警告。"
二氧化碳水平达到 337 ppm。

1987：《蒙特利尔议定书》通过。含氯氟烃开始被逐步禁用。

1988：世界气象组织和联合国环境规划署建立了政府间气候变化专门委员会。

1992：老布什总统在里约热内卢签署《联合国气候变化框架公约》。
美国参议院全票通过了该框架公约。
二氧化碳水平达到 356 ppm。

1995：政府间气候变化专门委员会发布第二份评估报告："通过权衡正反两方面的证据，人类对全球气候的影响清晰可辨。"

1997：《京都议定书》起草。

1998：这一年的全球平均温度为历史新高。

2000：总统候选人小布什称全球变暖是一个"我们必须严肃对待的议题"。

二氧化碳水平经测定达到 369 ppm。

2001：政府间气候变化专门委员会发布第三份评估报告："过去 50
年间观察到的气候变暖大部分可归因于人类活动。"

小布什总统要求美国国家研究委员会撰写的报告认为："温
室气体在地球大气中的积聚是人类活动的结果，它将会导致
地表大气温度和海洋表层温度上升。实际上温度已经在
上升。"

小布什总统宣布，美国撤出《京都议定书》。

本年度温度之高位列当年历史第三。

2002：Larsen B 冰架坍塌。

本年度温度之高位列当年历史第三。

2003：环境与公共事业委员会主席参议员詹姆斯·英霍夫说，他有
"令人信服的证据表明，灾难性的全球变暖其实是一个
骗局"。

美国地球物理协会发布共识声明宣称："自然影响无法解释
全球表层温度的迅速升高。"

二氧化碳水平达到 375 ppm。

2004：俄罗斯正式批准《京都议定书》。

2005：格陵兰岛冰原的融化面积达到历史最高点。

北冰洋海冰减少至历史最低；研究者警告，"远远早于 21 世

纪末之前",夏季可能不会再出现海冰。

《京都议定书》生效。

八大工业化国家的国家科学院发表联合声明:"气候变化的科学解释现已充分证明,各国必须迅速行动起来。"

大西洋飓风季五级风暴数量创下了历史最高纪录。

据统计,全球平均温度创下新纪录。

2006:二氧化碳水平达到 381 ppm。年增长为接近最高纪录的 2.53 ppm。

研究者报告,自 1996 年以来,格陵兰岛的冰原损失已经翻倍。

2007:政府间气候变化专门委员会发布第四份评估报告。宣称"气候系统变暖的趋势是明确的",并且"自 20 世纪中期以来,大部分观测到的全球平均气温升高,都可归因于人为的温室气体浓度的上升"。

北极海冰面积的记录再创新低,比 2005 年减少了将近 25%。

美国最高法院裁定,环境保护局有权根据《清洁空气法》对二氧化碳实施监管。

2008:二氧化碳水平达到了 385 ppm。

布什政府拒绝颁布控制二氧化碳排放的法规。

巴拉克·奥巴马当选总统;他表示,气候变化"如果不加以控制",可能会导致"不可逆转的灾难"。

2009：国际气候谈判在哥本哈根落幕，各方没有就《京都议定书》的后续协议达成一致；根据不具约束力的哥本哈根协议，各国同意尝试将气候变暖控制在 2 摄氏度以内。

美国众议院批准通过了一项"限额与交易"法案来限制排放。

2010："限额与交易"法案在参议院被毙。

2012：飓风"桑迪"袭击美国东海岸，估计造成了 600 亿美元的损失。

北极海冰面积再创历史新低。

全球平均温度与 2005 年持平。

2013：二氧化碳水平达到 400 ppm。

2014：美国国家航空航天局的科学家警告，南极西部的冰原已经开始出现不可逆转的融化。

政府间气候变化专门委员会发布第五份评估报告。报告警告说，许多物种"在 21 世纪将无法以足够快的速度迁移，追上适宜的气候"。

环境保护署出台限制发电厂二氧化碳排放的法规。

致　谢

众多大忙人慷慨地付出时间和专业知识，让本书得以完稿。他们中许多人的名字，我已经在前文中提及，但还有很多，我未能说到。

我想感谢 Tony Weyiouanna、Vladimir Romanovsky、Glenn Juday、Larry Hinzman、Terry Chapin、Donald Perovich、Jacqueline Richter-Menge、John Weatherly、Gunter Weller、Deborah Williams、Konrad Steffen、Russell Huff、Nicolas Cullen、Jay Zwally、Oddur Sigurdsson 和 Kobert Correll 等人在写作北极一章时给予我的帮助。

同样，我也要感谢 Chris Thomas、Jane Hill、William Bradshaw 和 Christina Holzapfel 对进化生物学的详细解说；感谢 James Hansen、David Rind、Gavin Schmidt 和 Drew Shindell 对气候建模的讲解；感谢 Harvey Weiss 和 Peter deMenocal 与我分享他们有关古文明的研究。在我访问荷兰期间，Pieter van Geel、Pier Vellinga、Wim van der Weegen、Chris Zevenbergen、Dick van Gooswilligen、Jos Hermsen、Hendrik Dek 和 Eelke Turkstra 给予我亲切的接待。Robert Socolow、

Stephen Pacala、Marry Hoffert、David Hawkins、Barbara Finamore 和 Jingjing Qian 花了大量时间和我讨论缓解策略。参议员 John McCain、前副总统 A1 Gore、Annie Petsonk、James Mahoney 和副国务卿 Paula Dobriansky 则帮助我了解全球变暖的国家政策。Pete Clavelle 市长非常友好地带我参观了伯林顿市。Michael Oppenheimer、Richard Alley、Daniel Schrag 和 Andrew Weaver 总是乐意并且能够回答我源源不断的问题。

本书各章最初都是发表在《纽约客》杂志上的短文。我非常感谢 David Remnick 鼓励(事实上强迫)我去写这些文章。我还要感谢 Dorothy Wickenden 和 John Bennet,两位为我提供了许多有价值的意见。感谢 Gillian Blake、Kathy Robbins 和 Kathy Belden 给予的帮助、指导和激励。

我在本版中新增的三章最初也是刊登在《纽约客》杂志上的。新版的一小部分也曾出现在 Audubon 杂志和我的新书《大灭绝时代》中。

我还要感谢 Victoria Fabry、Ken Caldeira、Chris Langdon、Richard Feely、Chris Sabine、James Zachos、Ulf Riebesell、Joanie Kleypas、Søren Hermansen 和 Roland Stulz,感谢他们在"海洋酸化""如何过上 2 000 瓦生活"等话题方面给予我的帮助。

最后,我想感谢我的丈夫 John Kleiner,他尽可能在各方面帮助我。没有他独具的乐观精神,这本书连一个字也写不出来。

参考文献和注释

这本书的信息来源包括访谈和部分气候科学文献,我还参考了大量的个人报告、论文和早期著作。我把其中的一部分列在下面。

第一章　阿拉斯加的希什马廖夫村

由美国陆军工程兵团承担的研究:《希什马廖夫搬迁与安置研究:各备选方案的初步预算》("Shishmaref Relocation and Collocation Study: Preliminary Costs of Alternatives", 2004 年 12 月)提供了有关设想中的村庄搬迁的详细信息。

查尼报告的官方标题是《二氧化碳及气候问题特别研究小组的报告:提交国家科学院的科学评估》("Report of an Ad Hoc Study Group on Carbon Dioxide and Climate: A Scientific Assessment to the National Academy of Sciences"), Washington, D. C.: National Academy of Sciences, 1979。

过去两千年的全球温度数据引自 Michael E. Mann 和 Philip D. Jones 的《过去两千年的全球地表温度》("Global Surface Temperatures over the Past Two

Millennia"),《地球物理研究通讯》(*Geophysical Research Letters*), vol. 30, no. 15(2003)。

斯图达伦沼泽释放的甲烷数据引自 Torben R. Christensen 等人的《融化亚北极的永冻土：对植被和甲烷排放量的影响》("Thawing Sub-Arctic Permafrost：Effects on Vegetation and Methane Emissions"),《地球物理研究通讯》, vol. 31, no. 4(2004)。

有关"德格罗塞耶号"考察团的叙述参见 D. K. Perovich 等的《冰上之年的气候启示》("Year on Ice Gives Climate Insights"), *Eos*(美国地球物理协会的会刊), vol. 80, no. 481(1999)。

北极海冰变薄的数据引自 D. A. Rothrock 等人的《北极海冰覆盖的变薄》("Thinning of the Arctic Sea-Ice Cover"),《地球物理研究通讯》, vol. 26, no. 23(1999)。

对冰期轨道变化和时间测定的讨论参见 John Imbrie 和 Katherine Palmer Imbrie 的《冰期：解开谜团》(修订版)(*Ice Ages: Solving the Mystery*, revised edition), Cambridge, MA：Harvard University Press, 1986。

第二章　更温暖的天空下

有关全球变暖的有用入门读物有 John Houghton 的《全球变暖：完整介绍》(第三版)(*Global Warming: The Complete Briefing*, third edition), Cambridge：Cambridge University Press, 2004。

全球变暖的历史参见 Spencer R. Weart 的《发现全球变暖》(*The Discovery of Global Warming*), Cambridge, MA：Harvard University Press, 2003；Gale E.

Christianson 的《温室：全球变暖两百年》（*Greenhouse: The 200-Year Story of Global Warming*），New York：Walker and Company，1999。丁铎尔气候变化研究中心（Tyndall Centre for Climate Change Research）在网站上提供了同名人物的详细传记，参见 http://www.tyndall.ac.uk。

丁铎尔的妻子回忆中的他的临终遗言，参见 Mark Bowen 的《薄冰》（*Thin Ice*），New York：Henry Holt，2005。

斯万特·阿列纽斯对二氧化碳下更舒适生活的预言请参见《正在形成的世界：宇宙的进化》（*Worlds in the Making: The Evolution of the Universe*），New York：Harper，1908。

查尔斯·戴维·基林在《监测地球的赏罚》（"Rewards and Penalties of Monitoring the Earth"）一文中写到他对测量二氧化碳的"兴趣"，《能量与环境年评》（*Annual Review of Energy and the Environment*），vol. 23（1998）。

第三章　冰川之下

有关对格陵兰岛冰层知识的精彩叙述，可参见 Richard B. Alley 的《两英里时间机器：冰芯、急剧的气候变化，以及我们的未来》（*The Two-Mile Time Machine: Ice Cores, Abrupt Climate Change, and Our Future*），Princeton：Princeton University Press，2000。

有关格陵兰岛冰原加速融化的数据，可参见 H. Jay Zwally 等人的《表面融化导致了格陵兰岛冰原流动速度的加快》（"Surface Melt-Induced Acceleration of Greenland Ice-Sheet Flow"），《科学》，vol. 297（2002）。

雅各布港冰川加速的数据，可参见 W. Abdalati 等人的《格陵兰岛雅各布港冰川的速度大波动》（"Large Fluctuations in Speed on Greenland's Jakobshavn Isbrae Glacier"），《自然》, vol. 432（2004）。

詹姆斯·汉森对格陵兰岛冰原未来的描述,参见他的文章《滑坡:全球变暖在多大程度上构成了"危险的人为干扰"?》（"A Slippery Slope: How Much Global Warming Constitutes 'Dangerous Anthropogenic Interference'?"），《气候变化》（*Climatic Change*）, vol. 68（2005）。

对突如其来的气候变化的全面讨论参见《突如其来的气候变化:不可避免的惊诧》（*Abrupt Climate Change: Inevitable Surprises*）, National Research Council Committee on Abrupt Climate Change, Washington, D. C.: National Academies Press（2002）。

对华莱士·布罗克的引证,参见他的文章《热盐环流,气候系统的阿喀琉斯之踵:人为的二氧化碳排放会打破现有的平衡吗?》（"Thermohaline Circulation, the Achilles' Heel of Our Climate System: Will Man-Made CO_2 Upset the Current Balance?"），《科学》, vol. 278（1997）。

小冰期对格陵兰岛的影响,参见 H. H. Lamb 的《气候,历史和现代世界》（第二版）（*Climate, History and the Modern World*, second edition）, New York: Routledge, 1995。

有关北极气候影响评估的大量发现的总结,请参见《北极变暖的影响:北极气候影响评估》（*Impacts of a Warming Arctic: Arctic Climate Impact Assessment*）, Cambridge: Cambridge University Press, 2004。

第四章　蝴蝶和蟾蜍

有关英国蝴蝶习性和分布地的最完备、最新的材料,参见 Jim Asher 等人的

《英国与爱尔兰蝴蝶的千年地图集》(*The Millennium Atlas of Butterflies in Britain and Ireland*),Oxford:Oxford University Press,2001。

有关维多利亚时代对蝴蝶的热爱情况,参见 Michael A. Salmon 的《蝴蝶研究者的遗产:英国蝴蝶及其收藏者》(*The Aurelian Legacy: British Butterflies and Their Collectors*),Berkeley:University of California Press,2000。

欧洲蝴蝶分布范围的变化,参见 Camille Parmesan 等人的《与地区变暖相关的蝴蝶分布范围的北移》("Poleward Shifts in Geographical Ranges of Butterfly Species Associated with Regional Warming"),《自然》, vol. 399 (1999)。

有关纽约州北部青蛙交配习性的信息,请参见 J. Gibbs 和 A. Breisch 的《气候变化和纽约州伊萨卡附近青蛙鸣叫的物候学,1900—1999》("Climate Warming and Calling Phenology of Frogs near Ithaca, New York, 1900—1999"),《保护生物学》(*Conservation Biology*), vol. 15 (2001);阿诺德树木园开花期信息参见 Daniel Primack 等人的文章《植物标本样品证明波士顿气候变暖导致花期提前》("Herbarium Specimens Demonstrate Earlier Flowering Times in Response to Warming in Boston"),《美国植物学杂志》(*American Journal of Botany*), vol. 91(2004);哥斯达黎加鸟类的信息参见 J. Alan Pounds 等人的文章《热带山脉上对气候变化的生物学反应》("Biological Response to Climate Change on a Tropical Mountain"),《自然》, vol. 398(1999);阿尔卑斯山植物的信息可参见 Georg Grabherr 等人的文章《气候对山脉植被的影响》("Climate Effects on Mountain Plants"),《自然》, vol. 368(1994);艾地堇蛱蝶的情况可参见 Camille Parmesan 的《气候与物种分布范围》(Climate and Species Range),《自然》, vol. 382 (1996)。

有关气候变暖的生物学影响,Thomas E. Lovejoy 和 Lee Hannah 编的《气候变化与生物多样性》(*Climate Change and Biodiversity*), New Haven:Yale University Press, 2005 是一本有用的参考书。

威廉·布拉德肖在《自然》杂志上发表了他关于不同海拔北美瓶草蚊的研究, vol. 262(1976)。关于气候变化对进化的影响,参见 William E. Bradshaw 和 Christina M. Holzapfel 合著的《与全球变暖相关的光周期的基因转移》("Genetic Shift in Photoperiod Response Correlated with Global Warming"),《美国国家科学院院报》(*Proceedings of the National Academy of Sciences*), vol. 98(2001)。

杰伊·萨维奇对发现金蟾蜍过程的描述和对蒙特维多雾林生态环境的全面描述,可参见 Nalini M. Nadkarni 和 Nathaniel T. Wheelwright 编的《蒙特维多:热带雾林的生态与保护》(*Monteverde: Ecology and Conservation of a Tropical Cloud Forest*), New York:Oxford University Press, 2000。关于金蟾蜍的生命周期,参见 Jay M. Savage 的《哥斯达黎加的两栖动物与爬行动物:两大洲和两大洋之间的爬行类区系》(*The Amphibians and Reptiles of Costa Rica: A Herpetofauna Between Two Continents, Between Two Seas*), Chicago:University of Chicago Press, 2002。

金蟾蜍的死亡与降水量之间的关系,参见 J. Alan Pounds 等人的文章《热带山脉上对气候变化的生物学反应》,《自然》, vol. 398 (1999)。为雾林建立模型的努力细节参见 Christopher J. Still 等人的《模拟气候变化对热带山区雾林的影响》("Simulating the Effects of Climate Change on Tropical Montane Cloud Forests"),《自然》, vol. 398 (1999)。

引用 G. 拉塞尔·库普的话参见其文章《新生代晚期甲虫类的古气候学意

义：陌生环境下的类似物种》（"The Palaeoclimatological Significance of Late Cenozoic Coleoptera：Familiar Species in Very Unfamiliar Circumstances"），载 Stephen J. Culver 和 Peter F. Rawson 编《生物对全球变化的反应：过去的 1.45 亿年》（*Biotic Response to Global Change: The Last 145 Million Years*），Cambridge：Cambridge University Press，2000。

潜在的生物灭绝的数据引自 C. D. Thomas 等人的文章《气候变化带来的灭绝危险》（"Extinction Risk from Climate Change"），《自然》， vol. 427（2004）。

第五章　阿卡德诅咒

对阿卡德文明的介绍请见 Marc Van De Mieroop 的《近东古代史》（*A History of the Ancient Near East*），Malden，MA：Blackwell Publishing，2004。

有关《阿卡德诅咒》的诗句，请参见 Jerrold S. Cooper 的《阿卡德诅咒》（*The Curse of Agade*），Baltimore：The Johns Hopkins University Press，1983。

对莱兰丘的详细描述参见 Harvey Weiss 的《牛津近东考古百科全书》（*The Oxford Encyclopedia of Archaeology in the Near East*），vol. 3，Oxford：Oxford University Press，1997 的相关章节。关于气候变化第一次被看成是废弃莱兰丘的原因，参见 Harvey Weiss 等人撰写的文章《第三个千年北美索不达米亚文明的诞生和崩溃》（"The Genesis and Collapse of Third Millennium North Mesopotamian Civilization"），《科学》，vol. 261（1993）。

对气候变化和社会崩溃之间联系的概括，参见 Peter B. deMenocal 的《全新世晚期对气候变化的文化回应》（"Cultural Responses to Climate Change During the Late Holocene"），《科学》，vol. 292（2001）。

有关美国科学家在奇乾坎纳布湖的发现,参见 David Hodell 等人的《气候在玛雅文明的崩溃中可能扮演的角色》("Possible Role of Climate in the Collapse of Classic Maya Civilization"),《自然》, vol. 375（1995）。研究者在委内瑞拉海岸的发现,可参见 Gerald Haug 等人的《气候与玛雅文明的崩溃》("Climate and the Collapse of Mayan Civilization"),《科学》, vol. 299（2003）。对干旱和玛雅文明的仔细讨论,参见 Richardson B. Gill 的《玛雅大干旱：水、生命和死亡》(*The Great Maya Droughts: Water, Life, and Death*), Albuquerque：University of New Mexico Press, 2001。

詹姆斯·汉森谈及自己被温室气体导致的全球变暖"迷住",是在如下讲演中。《危险的人为干扰：有关人类浮士德式的气候交易和付款期的临近》("Dangerous Anthropogenic Interference：A Discussion of Humanity's Faustian Climate Bargain and the Payments Coming Due"),发表于艾奥瓦大学,October 26, 2004。

有关气候变暖引发美国水资源短缺的预言见 David Rind 等人的文章《潜在蒸散作用和未来干旱的可能性》("Potential Evapotranspiration and the Likelihood of Future Drought"),《地球物理研究杂志》, vol. 95,（1990）。

彼得·德曼诺克对气候变化和人类进化之间关系的探讨参见《上新世和更新世非洲气候变化和动物区系进化》("African Climate Change and Faunal Evolution During the Pliocene-Pleistocene"),《地球与行星科学通讯》(*Earth and Planetary Science Letters*), vol. 220（2004）。

有关从阿曼湾沉积物中找到莱兰丘干旱的证据一事,参见 Heidi Cullen 等人的《气候变化与阿卡德王国的崩溃：深海的证据》("Climate Change and Collapse of the Akkadian Empire：Evidence from the Deep Sea"),《地质学》

(*Geology*)，vol. 28（2000）。

有关气候变化与哈拉帕文化崩溃之间的关联，参见 M. Staubwasser 等人的《4 200 年前印度河谷文明终结时的气候变化和全新世南亚季风的变化》（"Climate Change at the 4. 2 Ka BP Termination of the Indus Valley Civilization and Holocene South Asian Monsoon Variability"），《地球物理研究通讯》，vol. 30，no. 8（2003）。

第六章　漂浮的房子

荷兰水利系统的数据引自荷兰交通运输、公共工程和水利部编的《荷兰的水：2004—2005》（*Water in the Netherlands: 2004—2005*），The Hague，2004。

海平面上升的数据来自由政府间气候变化专门委员会组织、J. T. Houghton 等人编写的《2001 年的气候变化：科学依据》（*Climate Change 2001: The Scientific Basis*），Cambridge：Cambridge University Press，2001。

有关英国政府委任的洪水研究，参见 David A. King 的《气候变化的科学：适应、节制，还是忽略？》（"Climate Change Science：Adapt，Mitigate，or Ignore?"），《科学》，vol. 303（2004）。

对东方站冰芯的详细分析见 Jean Robert Petit 等人的《从南极洲东方站冰芯看过去 42 万年的气候与大气历史》（"Climate and Atmospheric History of the Past 420,000 Years from the Vostok Ice Core，Antarctica"），《自然》，vol. 399（1999）。

有关"危险的人为干扰"的临界值的讨论参见 Brian C. O'Neill 和 Michael Oppenheimer 的文章《危险的气候影响和〈京都议定书〉》（"Dangerous Climate

Impacts and the Kyoto Protocol"),《科学》, vol. 296（2002）；James Hansen 的
《滑坡：全球变暖在多大程度上构成了"危险的人为干扰"?》,《气候变化》,
vol. 68（2005）。

第七章 一切照旧

美国环境保护署网上提供的"个人碳排放量计算器"请见：http://
yosemite. epa. gov/oar/globalwarming. nsf/content/ResourceCenterToolsGHGCalcula-
tor. html。

巴卡拉和索科洛提出"稳定楔"计划的文章是《稳定楔：以现有技术解决
未来 50 年的气候问题》（"Stabilization Wedges：Solving the Climate Problem for
the Next 50 Years with Current Technologies"），《科学》, vol. 305（2004）。

有关美国汽车的热效率,参见《轻型汽车技术和燃料经济趋势》（"Light-
Duty Automotive Technology and Fuel Economy Trends"）, Advanced Technology
Division, Office of Transportation and Air Quality, U. S. Environmental Protection
Agency, July 2005。

以能源新技术稳定二氧化碳水平的必要性,参见 Martin Hoffert 等人的《保
持全球气候稳定性的先进技术路径：温室星球的能源》（"Advanced Technology
Paths to Global Climate Stability：Energy for a Greenhouse Planet"），《科学》,
vol. 298（2002）；也可参见 Hoffert 等人的《对未来大气二氧化碳含量稳定的能
源启示》（"Energy Implications of Future Stabilization of Atmospheric CO_2
Content"），《自然》, vol. 395（1998）。Martin Hoffert 和 Seth Potter 对太空太
阳能的探讨,参见《发射下来：新卫星是如何为世界提供动力的》（"Beam It
Down：How the New Satellites Can Power the World"），《技术评论》(*Technology
Review*), October 1, 1997。

第八章 京都之后

美国前财政部部长保罗·奥尼尔对副总统迪克·切尼的想法,参见 Ron Suskind 的《忠诚的代价:乔治·布什、白宫和保罗·奥尼尔的教育》(*The Price of Loyalty: George W. Bush*,*the White House*,*and the Education of Paul O'Neill*),New York:Simon & Schuster,2004。

有关全球变暖的高度共识参见 Naomi Oreskes 的《气候变化的科学共识》("The Scientific Consensus on Climate Change"),《科学》, vol. 306(2004)。

有关小布什政府对气候科学的编辑,由 Andrew C. Revkin 揭露于《布什助手编辑了气候报告》("Bush Aide Edited Climate Reports"),《纽约时报》(*New York Times*),June 8,2005。

小布什政府瓦解 2005 年八国峰会联合行动建议的行为,请参见 Juliet Eilpefin 的《美国的压力削弱了八国集团的气候计划》("U. S. Pressure Weakens G8 Climate Plan"),《华盛顿邮报》(*Washington Post*),June 17,2005。

第十章 人类世的人类

保罗·克鲁岑描述人类世开端和使世界避免灾难性的臭氧损失的"好运",可参见《人类地质学》("Geology of Mankind"),《自然》, vol. 415(2002)。

舍伍德·罗兰描述他对自己发现的反应,参见 Heather Newbold 编,《生活故事:世界著名科学家对自己生活及未来地球生活的思考》(*Life Stories: World-Renowned Scientists Reflect on Their Lives and the Future of Life on Earth*),Berkeley:University of California Press,2000。

关于"臭氧洞"的发现,参见 Stephen O. Anderson 和 K. Madhava Sarma 的《保护臭氧层:联合国历史》(*Protecting the Ozone Layer: The United Nations History*), London/Sterling, VA: Earthscan Publications, 2002。

有关还需变暖到什么程度才会将地球带进新的平衡,参见 James Hansen 等人的《地球能量失衡:证实与启示》("Earth's Energy Imbalance: Confirmation and Implications"),《科学》, vol. 308 (2005)。

第十一章 又过十年

有两项研究指出了阿蒙森海区冰川不可逆转的融化,分别是 E. Rignot 等人的《西南极洲松岛、思韦茨、史密斯和科勒冰川海岸线的大规模快速后撤,1992—2011》("Widespread, Rapid Grounding Line Retreat of Pine Island, Thwaites, Smith, and Kohler glaciers, West Antarctica, from 1992 to 2011"),《地球物理研究通讯》, vol. 41(2014),以及 Ian Joughin 等人的《西南极洲思韦茨冰川海盆可能正在发生潜在的海洋冰原崩塌》("Marine Ice Sheet Collapse Potentially Under Way for the Thwaites Glacier Basin, West Antarctica"),《科学》, vol. 344(2014)。

Christine Dell'Amore 报道了《国家地理杂志》的《世界地图册》的改动。参见《北极海冰的收缩促使国家地理世界地图集发生巨大变化》("Shrinking Arctic Ice Prompts Drastic Change in National Geographic Atlas"),参见国家地理网站 nationalgeographic. com,2014 年 6 月 9 日上线。

皮尤研究中心关于美国人优先考虑事项的数据,《十三年来公众最优先考虑的事项》("Thirteen Years of the Public's Top Priorities"),于 2014 年 1 月 27 日上线,http://www. people-press. org/interactives/top-priorities/。

有关错误情报运动的更多讨论,参见 Naomi Oreskes 和 Erik M. Conway 的《怀疑的商人:少数科学家如何掩盖了从二手烟到全球变暖问题的真相》。

J. E. N. 韦隆的悲观结论可参见他的文章《世界珊瑚礁的末日已经到了吗?》("Is the End in Sight for the World's Coral Reefs?"),《耶鲁环境 360》(*Yale Environment 360*),在线发表于 2010 年 12 月。网址为 http://e360.yale.edu/feature/is_the_end_in_sight_for_the_worlds_coral_reefs/2347/。

Bill McKibben 的《全球变暖的可怕新数学》("Global Warming's Terrifying New Math"),《滚石》(*Rolling Stone*),July 19, 2012。

第十二章　变暗的海洋

英国皇家学会关于海洋酸化的报告《大气二氧化碳的增加导致了海洋酸化》("Ocean Acidification due to Increasing Atmospheric Carbon Dioxide"),发布于 2005 年 6 月 30 日。该报告也可在以下网址获得:https://royalsociety.org/policy/publications/2005/ocean-acidification/。

肯·卡尔德拉的论文为碳排放对海洋的影响建了模型,《人为碳和海洋 pH 值》("Anthropogenic Carbon and Ocean pH"),《自然》, vol. 425(2003)。

克里斯·兰登关于生物圈 2 号里的珊瑚的第一篇文章是《碳酸钙饱和状态对于实验珊瑚礁钙化率的影响》("Effect of Calcium Carbonate Saturation State on the Calcification Rate of an Experimental Coral Reef"),《全球生物地球化学期刊》(*Global Biogeochemical Cycles*), vol. 14(2000)。

第十三章　非常规原油

亚历克斯·法雷尔和亚当·勃兰特关于转向非常规燃料的计算,可参见

《搜刮桶底：向低质量合成原油过渡的温室气体排放结果》("Scraping the Bottom of the Barrel: Greenhouse Gas Emission Consequences of a Transition to Low-Quality and Synthetic Petroleum Resources"),《气候变化》, vol. 84 (2007)。

第十四章　风中的岛屿

2 000 瓦社会的"白皮书",可以在以下网址获得：http：//www. novatlantis. ch/。

索 引

（图表信息以 f 标示。条目后的数字为原书页码，参见本书边码）

229

人文与社会译丛

第一批书目

1.《政治自由主义》(增订版),[美]J. 罗尔斯著,万俊人译　118.00 元
2.《文化的解释》,[美]C. 格尔茨著,韩莉译　　　　　89.00 元
3.《技术与时间:1. 爱比米修斯的过失》,[法]B. 斯蒂格勒著,
　裴程译　　　　　　　　　　　　　　　　　　62.00 元
4.《依附性积累与不发达》,[德]A. G. 弗兰克著,高铦等译　13.60 元
5.《身处欧美的波兰农民》,[美]F. 兹纳涅茨基、W. I. 托马斯著,
　张友云译　　　　　　　　　　　　　　　　　9.20 元
6.《现代性的后果》,[英]A. 吉登斯著,田禾译　　　45.00 元
7.《消费文化与后现代主义》,[英]M. 费瑟斯通著,刘精明译 14.20 元
8.《英国工人阶级的形成》(上、下册),[英]E. P. 汤普森著,
　钱乘旦等译　　　　　　　　　　　　　　　168.00 元
9.《知识人的社会角色》,[美]F. 兹纳涅茨基著,郏斌祥译　49.00 元

第二批书目

10.《文化生产:媒体与都市艺术》,[美]D. 克兰著,赵国新译 49.00 元
11.《现代社会中的法律》,[美]R. M. 昂格尔著,吴玉章等译 39.00 元
12.《后形而上学思想》,[德]J. 哈贝马斯著,曹卫东等译 58.00 元
13.《自由主义与正义的局限》,[美]M. 桑德尔著,万俊人等译 30.00 元

14.《临床医学的诞生》,[法]M.福柯著,刘北成译　　　　55.00元

15.《农民的道义经济学》,[美]J.C.斯科特著,程立显等译　42.00元

16.《俄国思想家》,[英]I.伯林著,彭淮栋译　　　　　　35.00元

17.《自我的根源:现代认同的形成》,[加]C.泰勒著,韩震等译

128.00元

18.《霍布斯的政治哲学》,[美]L.施特劳斯著,申彤译　　49.00元

19.《现代性与大屠杀》,[英]Z.鲍曼著,杨渝东等译　　　59.00元

第三批书目

20.《新功能主义及其后》,[美]J.C.亚历山大著,彭牧等译　15.80元

21.《自由史论》,[英]J.阿克顿著,胡传胜等译　　　　　89.00元

22.《伯林谈话录》,[伊朗]R.贾汉贝格鲁等著,杨祯钦译　48.00元

23.《阶级斗争》,[法]R.阿隆著,周以光译　　　　　　　13.50元

24.《正义诸领域:为多元主义与平等一辩》,[美]M.沃尔泽著,

褚松燕等译　　　　　　　　　　　　　　　　　24.80元

25.《大萧条的孩子们》,[美]G.H.埃尔德著,田禾等译　　27.30元

26.《黑格尔》,[加]C.泰勒著,张国清等译　　　　　　135.00元

27.《反潮流》,[英]I.伯林著,冯克利译　　　　　　　　48.00元

28.《统治阶级》,[意]G.莫斯卡著,贾鹤鹏译　　　　　　98.00元

29.《现代性的哲学话语》,[德]J.哈贝马斯著,曹卫东等译　78.00元

第四批书目

30.《自由论》(修订版),[英]I.伯林著,胡传胜译　　　　69.00元

31.《保守主义》,[德]K.曼海姆著,李朝晖、牟建君译　　58.00元

32.《科学的反革命》(修订版),[英]F.哈耶克著,冯克利译　58.00元

33.《实践感》，[法]P.布迪厄著，蒋梓骅译 75.00 元

34.《风险社会:新的现代性之路》，[德]U.贝克著，张文杰等译 58.00 元

35.《社会行动的结构》，[美]T.帕森斯著，彭刚等译 80.00 元

36.《个体的社会》，[德]N.埃利亚斯著，翟三江、陆兴华译 15.30 元

37.《传统的发明》，[英]E.霍布斯鲍姆等著，顾杭、庞冠群译 68.00 元

38.《关于马基雅维里的思考》，[美]L.施特劳斯著，申彤译 78.00 元

39.《追寻美德》，[美]A.麦金太尔著，宋继杰译 68.00 元

第五批书目

40.《现实感》，[英]I.伯林著，潘荣荣、林茂译 30.00 元

41.《启蒙的时代》，[英]I.伯林著，孙尚扬、杨深译 35.00 元

42.《元史学》，[美]H.怀特著，陈新译 89.00 元

43.《意识形态与现代文化》，[英]J.B.汤普森著，高铦等译 68.00 元

44.《美国大城市的死与生》，[加]J.雅各布斯著，金衡山译 78.00 元

45.《社会理论和社会结构》，[美]R.K.默顿著，唐少杰等译 128.00 元

46.《黑皮肤，白面具》，[法]F.法农著，万冰译 58.00 元

47.《德国的历史观》，[美]G.伊格尔斯著，彭刚、顾杭译 58.00 元

48.《全世界受苦的人》，[法]F.法农著，万冰译 17.80 元

49.《知识分子的鸦片》，[法]R.阿隆著，吕一民、顾杭译 45.00 元

第六批书目

50.《驯化君主》，[美]H.C.曼斯菲尔德著，冯克利译 68.00 元

51.《黑格尔导读》，[法]A.科耶夫著，姜志辉译 98.00 元

52.《象征交换与死亡》，[法]J.波德里亚著，车槿山译 68.00 元

53.《自由及其背叛》，[英]I.伯林著，赵国新译 48.00 元

54.《启蒙的三个批评者》,[英]I.伯林著,马寅卯、郑想译 　48.00 元

55.《运动中的力量》,[美]S.塔罗著,吴庆宏译 　23.50 元

56.《斗争的动力》,[美]D.麦克亚当、S.塔罗、C.蒂利著,
李义中等译 　31.50 元

57.《善的脆弱性》,[美]M.纳斯鲍姆著,徐向东、陆萌译 　55.00 元

58.《弱者的武器》,[美]J.C.斯科特著,郑广怀等译 　82.00 元

59.《图绘》,[美]S.弗里德曼著,陈丽译 　49.00 元

第七批书目

60.《现代悲剧》,[英]R.威廉斯著,丁尔苏译 　45.00 元

61.《论革命》,[美]H.阿伦特著,陈周旺译 　59.00 元

62.《美国精神的封闭》,[美]A.布卢姆著,战旭英译,冯克利校 68.00 元

63.《浪漫主义的根源》,[英]I.伯林著,吕梁等译 　49.00 元

64.《扭曲的人性之材》,[英]I.伯林著,岳秀坤译 　22.00 元

65.《民族主义思想与殖民地世界》,[美]P.查特吉著,
范慕尤、杨曦译 　18.00 元

66.《现代性社会学》,[法]D.马尔图切利著,姜志辉译 　32.00 元

67.《社会政治理论的重构》,[美]R.J.伯恩斯坦著,黄瑞祺译 72.00 元

68.《以色列与启示》,[美]E.沃格林著,霍伟岸、叶颖译 　128.00 元

69.《城邦的世界》,[美]E.沃格林著,陈周旺译 　85.00 元

70.《历史主义的兴起》,[德]F.梅尼克著,陆月宏译 　48.00 元

第八批书目

71.《环境与历史》,[英]W.贝纳特、P.科茨著,包茂红译 　25.00 元

72.《人类与自然世界》,[英]K.托马斯著,宋丽丽译 　35.00 元

73.《卢梭问题》，[德]E.卡西勒著，王春华译　　　　39.00元

74.《男性气概》，[美]H.C.曼斯菲尔德著，刘玮译　　28.00元

75.《战争与和平的权利》，[美]R.塔克著，罗炯等译　25.00元

76.《谁统治美国》，[美]W.多姆霍夫著，吕鹏、闻翔译　35.00元

77.《健康与社会》，[法]M.德吕勒著，王鲲译　　　　35.00元

78.《读柏拉图》，[德]T.A.斯勒扎克著，程炜译　　　68.00元

79.《苏联的心灵》，[英]I.伯林著，潘永强、刘北成译　59.00元

80.《个人印象》，[英]I.伯林著，林振义、王洁译　　35.00元

第九批书目

81.《技术与时间:2.迷失方向》，[法]B.斯蒂格勒著，
赵和平、印螺译　　　　　　　　　　　　　　　59.00元

82.《抗争政治》，[美]C.蒂利、S.塔罗著，李义中译　28.00元

83.《亚当·斯密的政治学》，[英]D.温奇著，褚平译　21.00元

84.《怀旧的未来》，[美]S.博伊姆著，杨德友译　　　85.00元

85.《妇女在经济发展中的角色》，[丹]E.博斯拉普著，陈慧平译30.00元

86.《风景与认同》，[美]W.J.达比著，张箭飞、赵红英译　68.00元

87.《过去与未来之间》，[美]H.阿伦特著，王寅丽、张立立译　58.00元

88.《大西洋的跨越》，[美]D.T.罗杰斯著，吴万伟译　108.00元

89.《资本主义的新精神》，[法]L.博尔坦斯基、E.希亚佩洛著，
高铦译　　　　　　　　　　　　　　　　　　　58.00元

90.《比较的幽灵》，[美]B.安德森著，甘会斌译　　　79.00元

第十批书目

91.《灾异手记》，[美]E.科尔伯特著，何恬译　　　　25.00元

92.《技术与时间：3.电影的时间与存在之痛的问题》，
　　[法]B.斯蒂格勒著，方尔平译　　　　　　　　　　65.00元

93.《马克思主义与历史学》，[英]S.H.里格比著，吴英译　78.00元

94.《学做工》，[英]P.威利斯著，秘舒、凌旻华译　　　68.00元

95.《哲学与治术：1572—1651》，[美]R.塔克著，韩潮译　45.00元

96.《认同伦理学》，[美]K.A.阿皮亚著，张容南译　　　45.00元

97.《风景与记忆》，[英]S.沙玛著，胡淑陈、冯樨译　　78.00元

98.《马基雅维里时刻》，[英]J.G.A.波考克著，冯克利、傅乾译108.00元

99.《未完的对话》，[英]I.伯林、[波]B.P.-塞古尔斯卡著，
　　杨德友译　　　　　　　　　　　　　　　　　　　65.00元

100.《后殖民理性批判》，[印]G.C.斯皮瓦克著，严蓓雯译　79.00元

第十一批书目

101.《现代社会想象》，[加]C.泰勒著，林曼红译　　　　45.00元

102.《柏拉图与亚里士多德》，[美]E.沃格林著，刘曙辉译　78.00元

103.《论个体主义》，[法]L.迪蒙著，桂裕芳译　　　　　30.00元

104.《根本恶》，[美]R.J.伯恩斯坦著，王钦、朱康译　　78.00元

105.《这受难的国度》，[美]D.G.福斯特著，孙宏哲、张聚国译　39.00元

106.《公民的激情》，[美]S.克劳斯著，谭安奎译　　　　49.00元

107.《美国生活中的同化》，[美]M.M.戈登著，马戎译　　58.00元

108.《风景与权力》，[美]W.J.T.米切尔著，杨丽、万信琼译　78.00元

109.《第二人称观点》，[美]S.达沃尔著，章晟译　　　　69.00元

110.《性的起源》，[英]F.达伯霍瓦拉著，杨朗译　　　　85.00元

第十二批书目

111.《希腊民主的问题》,[法]J.罗米伊著,高煜译　　　　48.00元

112.《论人权》,[英]J.格里芬著,徐向东、刘明译　　　　75.00元

113.《柏拉图的伦理学》,[英]T.埃尔文著,陈玮、刘玮译　118.00元

114.《自由主义与荣誉》,[美]S.克劳斯著,林垚译　　　　62.00元

115.《法国大革命的文化起源》,[法]R.夏蒂埃著,洪庆明译　38.00元

116.《对知识的恐惧》,[美]P.博格西昂著,刘鹏博译　　　38.00元

117.《修辞术的诞生》,[英]R.沃迪著,何博超译　　　　48.00元

118.《历史表现中的真理、意义和指称》,[荷]F.安克斯密特著,
　　周建漳译　　　　　　　　　　　　　　　　　58.00元

119.《天下时代》,[美]E.沃格林著,叶颖译　　　　　　78.00元

120.《求索秩序》,[美]E.沃格林著,徐志跃译　　　　　48.00元

第十三批书目

121.《美德伦理学》,[新西兰]R.赫斯特豪斯著,李义天译　68.00元

122.《同情的启蒙》,[美]M.弗雷泽著,胡靖译　　　　　48.00元

123.《图绘暹罗》,[美]T.威尼差恭著,袁剑译　　　　　58.00元

124.《道德的演化》,[新西兰]R.乔伊斯著,刘鹏博、黄素珍译65.00元

125.《大屠杀与集体记忆》,[美]P.诺维克著,王志华译　78.00元

126.《帝国之眼》,[美]M.L.普拉特著,方杰、方宸译　　68.00元

127.《帝国之河》,[美]D.沃斯特著,侯深译　　　　　　76.00元

128.《从道德到美德》,[美]M.斯洛特著,周亮译　　　　58.00元

129.《源自动机的道德》,[美]M.斯洛特著,韩辰锴译　　58.00元

130.《理解海德格尔:范式的转变》,[美]T.希恩著,
　　邓定译　　　　　　　　　　　　　　　　　89.00元

第十四批书目

131.《城邦与灵魂:费拉里〈理想国〉论集》,[美]G.R.F.
    费拉里著,刘玮编译   58.00 元

132.《人民主权与德国宪法危机》,[美]P.C.考威尔著,曹
    晗蓉、虞维华译   58.00 元

133.《16 和 17 世纪英格兰大众信仰研究》,[英]K.托马斯著,
    芮传明、梅剑华译   168.00 元

134.《民族认同》,[英]A.D.史密斯著,王娟译   55.00 元

135.《世俗主义之乐:我们当下如何生活》,[英]G.莱文编,
    赵元译   58.00 元

136.《国王或人民》,[美]R.本迪克斯著,褚平译(即出)

137.《自由意志、能动性与生命的意义》,[美] D.佩里布姆著,
    张可译   68.00 元

138.《自由与多元论:以赛亚·伯林思想研究》,
    [英]G.克劳德著,应奇等译   58.00 元

139.《暴力:思无所限》,[美]R.J.伯恩斯坦著,李元来译   59.00 元

140.《中心与边缘:宏观社会学论集》,[美]E.希尔斯著,
    甘会斌、余昕译   88.00 元

第十五批书目

141.《自足的世俗社会》,[美]P.朱克曼著,杨靖译   58.00 元

142.《历史与记忆》,[英]G.丘比特著,王晨风译   59.00 元

143.《媒体、国家与民族》,[英]P.施莱辛格著,林玮译   68.00 元

144.《道德错误论:历史、批判、辩护》,

[瑞典]J.奥尔松著,周奕李译　　　　　　　　　　58.00 元

145.《废墟上的未来:联合国教科文组织、世界遗产与和平之梦》,

[澳]L.梅斯克尔著,王丹阳、胡牧译　　　　　88.00 元

146.《为历史而战》,[法]L.费弗尔著,高煜译　　　98.00 元

147.《语言动物:人类语言能力概览》,[加]C.泰勒著,

赵清丽译(即出)

148.《我们中的我:承认理论研究》,[德]A.霍耐特著,

张曦、孙逸凡译　　　　　　　　　　　　　62.00 元

149.《人文学科与公共生活》,[美]P.布鲁克斯、H.杰维特编,

余婉卉译　　　　　　　　　　　　　　　　52.00 元

150.《美国生活中的反智主义》,[美]R.霍夫施塔特著,

何博超译　　　　　　　　　　　　　　　　68.00 元

第十六批书目

151.《关怀伦理与移情》,[美]M.斯洛特著,韩玉胜译　　48.00 元

152.《形象与象征》,[罗]M.伊利亚德著,沈珂译　　　48.00 元

153.《艾希曼审判》,[美]D.利普斯塔特著,刘颖洁译(即出)

154.《现代主义观念论:黑格尔式变奏》,[美]R.B.皮平著,郭东辉译

(即出)

155.《文化绝望的政治:日耳曼意识形态崛起研究》,[美]F.R.斯特

恩著,杨靖译(即出)

156.《作为文化现实的未来:全球现状论集》,[印]A.阿帕杜拉伊著,

周云水、马建福译(即出)

157.《一种思想及其时代:以赛亚·伯林政治思想的发展》,[美]

J.L.彻尼斯著,寿天艺、宋文佳译(即出)

158.《人类的领土性:理论与历史》,[美]R.B.萨克著,袁剑译(即出)

159. 《理想的暴政：多元社会中的正义》，[美]G. 高斯著，范震亚译（即出）

160. 《荒原：一部历史》，[美]V. D. 帕尔马著，梅雪芹译（即出）

有关"人文与社会译丛"及本社其他资讯，欢迎点击 www. yilin. com 浏览，对本丛书的意见和建议请反馈至新浪微博@译林人文社科。